Strandgut
aus Plastik

Jennifer Timrott

Strandgut aus Plastik

und anderer Meeresmüll

WACHHOLTZ
MURMANN PUBLISHERS

Nutzungsart:

Einmalig:	●○
Mehrmalig:	●●
Offen/ verwendungsabhängig:	◐◐

Fundhäufigkeit:

Selten:	●○○○
Gelegentlich:	●●○○
Häufig:	●●●○
Sehr häufig:	●●●●

Nutzungsdauer:

Extrem kurzfristig (Minuten bis Stunden):	●○○○○
Sehr kurzfristig (Stunden bis Tage):	●●○○○
Kurz- bis mittelfristig (Wochen bis Monate):	●●●○○
Langfristig (Monate bis Jahre):	●●●●○
Sehr langfristig (mehrere Jahre):	●●●●●

1. Auflage 2015

Gesamtherstellung: Wachholtz Verlag
Printed in Germany
ISBN 978-3-529-05456-3

Besuchen Sie uns im Internet:
www.wachholtz-verlag.de

Inhalt

Einführung 6
Grundlagen 9
- Die Dimensionen 9
- Wege ins Meer 11
- Zusammensetzung des Strandmülls 14
- Haltbarkeit von Plastik: Müll für die Ewigkeit 16
- Schadstoffe und Plastik: „Giftpillen“ auf großer Fahrt 18
- Auswirkungen auf Meerestiere 20

Strandgut aus Plastik und anderer Meeresmüll 23
- Vorbemerkungen zu den Strandfunden 23
- Gewerbemüll 25
- Mikroplastik 55
- Geschmolzenes Plastik 58
- Müll aus Freizeit, Spiel und Spaß 59
- Verbrauchermüll 69

Anhang 105
- Danke 105
- Bestimmungshilfe BeachExplorer 105
- Bildnachweise 105
- Literatur 106
- Register 110
- Über die Autorin 112

EINFÜHRUNG

Die Spuren heftiger Stürme können an den deutschen Küsten häufig noch bis in den Sommer hinein gesehen werden. Beschädigte Dünen, entwurzelte Bäume, Veränderungen an den Steilküsten – und viel Plastikmüll.

Plastikmüll auf dem Japsand, einem unbewohnten Außensand vor Hallig Hooge

Stürme befördern das Problem wieder und wieder ans Tageslicht: Unsere Meere sind voller Plastik. Nach jedem Winterorkan ist es an den Küsten nicht zu übersehen: Deiche und Strände sind bunt – dicht bedeckt mit Plastikmüll in allen Formen und Farben. Eimer, Becher, Fischkisten, Kanister, Flaschen, Netzreste, Körbe, Lebensmittelverpackungen, Schutzhelme, Schuhe. Und das sind nur die großen Teile, die schon aus der Entfernung ins Auge fallen.
Ein aufmerksamer Blick in das Treibgut (auch: „Treibsel") am Strand oder auf den Deichen zeigt, dass es auch im Kleinen nicht besser aussieht: Über lange Strecken findet sich kaum ein Meter, wo das

Plastikmüll am Deich nach einem Orkan an der Nordseeküste

Schwemmgut ausschließlich aus Naturmaterial besteht. Zwischen Ästen, Pflanzenresten und Tang stecken die bunten Deckel von Getränkeflaschen, Deoroller, Feuerzeuge, Lippenstifte, Verschlüsse, Luftballons mit Plastikventilen, Arbeitshandschuhe oder glitzernde Folien von Snack-Riegeln.

Nach einem Sturm ist das Treibsel bunt.

Wer noch genauer hinschaut, entdeckt sogar zwischen den angeschwemmten Pflanzenteilen überall Plastikkrümel, es finden sich winzige Teilchen mit unregelmäßigen Kanten. Dies sind in der Regel Bruchstücke von ehemals größeren Gegenständen, die im Laufe der Jahre von Wind, Wellen und Strömung zerrieben wurden. Immer wieder findet man auch Ansammlungen von kleinen zylinderförmigen Plastikkrümeln im Spülsaum, dem Bereich, bis zu dem das Wasser vorgedrungen ist und Treibgut abgelagert hat. Diese Körner sind in etwa so groß wie ein Streichholzkopf, häufig transparent-weiß oder graublau, manchmal aber auch kräftig gefärbt. Es sind sogenannte Kunststoff-Pellets. Als Plastikgranulat bilden sie den Grundstoff für die Produktion von allen möglichen Kunststoffprodukten. Diese Pellets werden als Schüttgut transportiert, können aber auf ihrem Weg in die Fabriken leicht verloren gehen.

Plastikpellets im Treibsel

Unmittelbar nach einem Sturm bietet sich dem Strandspaziergänger also bereits ein erschreckendes Bild. Und doch zeigt sich hier immer noch nicht das ganze Ausmaß des Problems. Denn selbst wenn uns der Anblick dieser Müllmengen

Strandgut aus Plastik am Süderdeich von Hallig Hooge

manchmal beinahe erschlägt: Was am Strand herumliegt, macht nur etwa fünfzehn Prozent des gesamten Meeresmülls aus. Weitere 15 Prozent treiben im Wasser. Der größte Anteil aber liegt unsichtbar am Meeresboden.

Das Ausmaß der Verschmutzung ist also gewaltig – da drängen sich viele Fragen auf: Woher kommt all dieser Müll? Wie lange schwimmt er schon im Meer? Wird er jemals wieder verschwinden? Und was bedeutet es eigentlich für die Meeresbewohner, wenn die Weltmeere so massiv mit einem Material belastet sind, das die Menschheit ja genau genommen erst seit ein paar Jahrzehnten in großem Umfang nutzt?

Diesen und vielen weiteren Fragen möchte der Naturführer „Strandgut aus Plastik und anderer Meeresmüll" nachgehen und dadurch über ein drängendes weltweites Umweltproblem aufzuklären versuchen.

GRUNDLAGEN

Die Dimensionen

Es wird viel geforscht zum Thema Meeresverschmutzung. Auch der Plastikmüll im Meer erhält immer mehr Aufmerksamkeit. Und trotzdem steht die Forschung noch ganz am Anfang. Dies ist auch der Grund, warum Zahlen zur globalen Dimension des Problems häufig noch immer lediglich grobe Schätzungen sind. Zum Gesamtgewicht des Kunststoffmülls in den Weltmeeren gibt es zum jetzigen Zeitpunkt ebenfalls noch keine sicheren Zahlen. Die Angaben, die zu finden sind, weichen zum Teil stark voneinander ab, weil die Forscher noch mit jeweils unterschiedlichen Methoden arbeiten. Die Standardisierung der wissenschaftlichen Vorgehensweisen zu diesem länderübergreifenden Thema muss häufig erst erarbeitet werden. Es gilt, zunächst international vergleichbare Methoden, Zähl- und Kategoriensysteme zu finden.

Viele Millionen Tonnen Kunststoff befinden sich in den Weltmeeren. Das gilt als sicher. Doch ob es nun 100 Millionen Tonnen oder doch eher 150 Millionen Tonnen sind, ist zunächst nicht entscheidend, denn schon jetzt ist mehr als deutlich zu erkennen, mit welch ungeheurer Geschwindigkeit sich

Diese Flaschensammlung fand sich auf einer Strecke von nicht einmal 20 Metern an der Westküste Nordjütlands.

die Veränderungen der Umwelt durch den Plastikmüll vollziehen. Und die Auswirkungen dieser dramatischen Entwicklungen sind möglicherweise nicht wieder rückgängig zu machen.

Allein in die Nordsee werden jährlich 20000 Tonnen Müll eingetragen, schätzt das Umweltbundesamt. Der größte Teil davon besteht aus Plastik. Am Strand von Westerland auf der Nordseeinsel Sylt fallen auf einem einzigen Abschnitt mit einer Länge von sieben Kilometern ungefähr zwei Tonnen Müll an – und das jeden einzelnen Tag.

Plastikmüll findet sich mittlerweile selbst in den entlegensten Tiefseeregionen. Mit großem materiellen und finanziellen Aufwand dringen Wissenschaftler in bisher nie gesehene Areale vor und müssen dann feststellen: Der Zivilisationsmüll ist schon längst da.

Eine internationale Forschergruppe hat für eine Studie des kalifornischen „5 Gyres Institute" berechnet, dass weltweit unvorstellbare 270000 Tonnen Plastikmüll „aktiv im Meer schwimmen". Die Teile also, die bereits auf den Meeresboden abgesunken sind, wurden in die Studie nicht einmal einbezogen; die errechnete Menge kommt allein durch den Plastikmüll zustande, der auf und knapp unter der Meeresoberfläche schwimmt.

Von 2007 bis 2013 hat das Team insgesamt 24 Forschungsfahrten unternommen und die Verbreitung des Plastikmülls auf den Weltmeeren untersucht. Die Wissenschaftler entwickelten darüber hinaus ein Computermodell, das Strömungen und Winde berücksichtigt und auch Aussagen über das Plastikaufkommen in denjenigen Gewässern erlaubt, in denen keine Expeditionen und Probeentnahmen stattgefunden haben.

Nach Erkenntnissen der Wissenschaftler treiben insgesamt fünf Billionen Plastikteilchen in den Meeren. Eine Zahl, die jedes menschliche Vorstellungsvermögen sprengt. Unter diesen fünf Billionen Plastikteilen finden sich größere Gegenstände wie Geisternetze oder Eimer, aber auch mikroskopisch kleine Teilchen. Nahe der Küste fanden die Forscher häufiger größere Plastikteile, in den großen Kreisströmungen der offenen Ozeane war dagegen der Anteil der winzigen Teilchen besonders hoch. Das Fazit des Forscherteams: In den großen Meeresstrudeln werden die Plastikteile verdichtet und durch Meeresströmung und Reibung wie in einem Schredder zermahlen. Anschließend verteilen Wind und Strömung die nun erheblich kleineren Plastikteilchen wieder über die Weltmeere.

Diese enormen Zahlen beschreiben aber noch immer nicht den vollen Umfang des Problems, denn weder der Müll auf dem Meeresgrund noch die Plastikteilchen, die von Meerestieren aufgenommen wurden, sind darin berücksichtigt. Die Zahlen, so betonen die Forscher, sollten am ehesten als Minimalwerte interpretiert werden.

Wege ins Meer

Woher kommt nun all dieser Müll? Wir verwenden doch viel Zeit auf die sorgfältige Trennung unserer Abfälle, werfen nichts in die Natur, sondern immer in einen Mülleimer. Und trotzdem ist das Meer voller Abfall? Hat das Müllaufkommen im Meer überhaupt etwas mit mir zu tun, wenn ich gar nicht an der Küste lebe?
Man unterscheidet landseitige und seeseitige Quellen, aus denen der Meeresmüll stammen kann. Die regionalen Zusammensetzungen der Abfalleinträge können dabei variieren.
Es mag zunächst einmal überraschend klingen, doch der größte Teil des Mülls im Meer stammt vom Festland. Geschätzt wird, dass es sich bei rund 80 Prozent der sich im Meer befindlichen Abfälle eigentlich um landseitige Einträge handelt.
Landseitige Mülleinträge stammen beispielsweise von Mülldeponien und Abfällen, die über die Flüsse ins Meer gespült werden. Sie stammen aber auch von Menschen,

die an Stränden ihren Abfall hinterlassen – auch durch den Tourismus und die Freizeitaktivitäten an den Küsten entsteht eine große Menge Müll. An Orten, die eine starke touristische Ausrichtung haben, reinigen Gemeinden die Strände deshalb regelmäßig unter großem finanziellen und maschinellen Aufwand, denn die Besucher sollen saubere Strände vorfinden. Dadurch wird vielen das Verschmutzungsproblem erst dann klar, wenn sie einmal an abgelegenen, nicht regelmäßig gereinigten Strandabschnitten sehen, was das Meer mit jeder Flut auch an die Küsten bringt, an denen sie ihren Urlaub verbringen.

Die Abfälle aus seeseitigen Quellen stammen meist von den Industriezweigen, die auf dem Meer aktiv sind: aus der gewerblichen Schifffahrt, von Offshore-Anlagen, aus Fischerei und Muschelkulturen. Auch die Sportschifffahrt liefert Mülleinträge. Darüber hinaus wird Müll aber auch immer noch illegal verklappt, also im Meer versenkt. Einigen Müllfunden kann man sogar ansehen, dass sie schon einmal in einer Müllpresse gestaucht wurden. Aber auch die versehentlichen Verluste sorgen für eine große Belastung der Meere.

Selbst wenn jeder der vielen tausend Menschen, die an der Küste unterwegs sind, nur ein einziges Mal im Monat aus Versehen eine einzelne Plastikflasche verliert und gleichzeitig bedacht wird, dass jede dieser Plastikflaschen ungefähr 450 Jahre benötigt, um zu Mikroplastik zu zerfallen, kommen sehr schnell ganz erhebliche Mengen zusammen.

Dieser Getränkebecher hat bereits eine Müllzerkleinerungsmaschine durchlaufen.

Die Meeresströmungen tragen zudem dazu bei, dass der Müll auseinanderdriftet. Die Plastikteile können auf diese Weise sehr große Entfernungen zurücklegen und finden sich deshalb nach einiger Zeit auch weitab vom Ausgangsort der ursprünglichen Verschmutzung wieder. Unser eigener Müll liegt längst an Orten, die kaum ein Mensch gesehen hat: in den kaum erforschten Zonen der Tiefsee und im ewigen Eis der Arktis.

Die Politik ist gefordert

Eine komprimierte Flasche, abgefüllt in Ghana

Ansätze, dem beschriebenen Problem zu begegnen, gibt es auf verschiedenen politischen Ebenen. So soll etwa das MARPOL-Abkommen („Marine Pollution") die Meeresverschmutzung durch Schiffe auf internationaler Ebene verhindern und verbietet daher die Müllentsorgung auf See. 2008 hat die Europäische Union die Meeresstrategie-Rahmenrichtlinie (Richtlinie 2008/56/EG) beschlossen. Darin setzen sich die Mitgliedsstaaten zum Ziel, bis zum Jahr 2020 „einen guten Zustand der Meeresumwelt zu erreichen oder zu erhalten". Umweltverbände kritisieren jedoch, dass die formulierten Ziele viel zu vage abgefasst wurden, um die Verschmutzung der Meere wirklich effektiv stoppen zu können.
Grenzüberschreitendes Handeln und internationale Zusammenarbeit sind beim Thema Plastikverschmutzung unerlässlich. Manchmal können internationale Abkommen sinnvolle Maßnahmen einzelner Staaten aber auch behindern: Innerhalb der Europäischen Union ist derzeit beispielsweise das vollständige Verbot von Plastiktüten durch ein einzelnes Mitgliedsland aufgrund der EU-Wettbewerbsregeln nicht zulässig.

Plastik-Zeitalter

Die Plastikflut hat auch eine gesellschaftliche Dimension: Sie ist ein Leitsymptom unserer Art zu leben. Plastik ist bequem, es ist leicht, zeitsparend und einfach praktisch. Wegwerfprodukte aus Plastik unterstützen uns scheinbar perfekt in hektischen Zeiten. Sie versprechen Entlastung und unkomplizierte, schnelle Lösungen – denn Zeit fehlt uns ständig. Aus diesem Grund werden tagtäglich enorme Mengen an Kunststoff produziert – ein Material, das nahezu unvergänglich ist. Der Müll im Meer besteht zu einem großen Teil aus Einwegartikeln, Verpackungsmaterial, Wegwerfprodukten. Aus Dingen, die wir erst kürzlich gebraucht und fortgeworfen haben, und aus denjenigen Gegenständen, die sich im Verlauf von Jahrzehnten als Altlasten angesammelt haben und die möglicherweise der Generation unserer Eltern für einen kurzen Moment als praktische Verpackung oder unkomplizierte Einweglösung gedient haben.

Als Verbraucher tragen wir auch eine Verantwortung: Wir können selbst darauf achten, Plastikverpackungen nach Möglichkeit zu vermeiden, Plastiktüten abzulehnen und Körperpflegeprodukte ohne enthaltene Mikroplastikpartikel zu verwenden. Aber auch die Hersteller tragen Verantwortung für die Art und Weise, wie sie ihre Produkte herstellen, verpacken und anbieten. Wegwerfverpackungen aus Plastik sind vor allem deshalb lukrativ, weil sich die Schäden, die durch eine leichtfertige Verwendung des Materials entstehen, kaum in der Preisgestaltung wiederfinden. Plastik ist daher als Material immer noch unschlagbar preiswert, weil vor allem zwei Sachverhalte sich in diesem Preis kaum wiederfinden: Es wird aus einem endlichen Rohstoff produziert, dem Mineralöl. Und die Probleme, die das Plastik in der Umwelt durch seine Langlebigkeit anrichtet, werden der Allgemeinheit überlassen.
Kunststoffe werden eigentlich erst seit rund 60 Jahren in großem Umfang industriell verwendet. Wird in Rechnung gestellt, welche drastischen Konsequenzen dieses Verhalten über eine historisch gesehen kurze Zeitspanne für die Meeresumwelt hat, scheint es unverzichtbar, dass sich die Hersteller der Produkte, die wir für unser tägliches Leben brauchen, aktiv um umweltfreundlichere Materialien bemühen und in nachhaltiges Produktdesign investieren.

Zusammensetzung des Strandmülls

Abfälle, die an Stränden gefunden werden, bestehen aus Kunststoff, aus Holz, Glas, Papier oder Pappe; es sind Textilien, Metallteile oder Nahrungsmittel. Aber ganze 70 Prozent des gesamten Eintrags von Meeresmüll bestehen aus Kunststoffen, so schätzt das Umweltbundesamt.
Dieser hohe Prozentsatz der Kunststoffe am Mülleintrag ist besonders kritisch, weil diese Stoffe extrem haltbar und langlebig sind. Eine Getränkeflasche kann mehrere Jahrhunderte benötigen, um zu zerfallen. So reichern sich in kürzester Zeit riesige Mengen an Plastikmüll an, die die Ozeane belasten und Meerestiere nicht bloß gefährden, sondern häufig sogar töten.

Der Anteil treibender Fischereiausrüstung (Netze, Taue, Angelschnüre) wurde in einem Hintergrundpapier der Vereinten Nationen im Jahr 2005 mit zehn Prozent des weltweiten Meeresmülls beziffert. Auch diese Zahl hat es in sich, denn Taue

und Netzreste bergen große Gefahren für Meerestiere und werden zu einem hohen Anteil für Kontakte mit unmittelbar tödlichem Verlauf verantwortlich gemacht. Eine systematisch erfasste Rangliste der Müllteile, die an Stränden gefunden werden, existiert derzeit noch nicht. Nach Strandsäuberungsaktionen werden besonders häufig diese Funde angegeben:

- Kleine Plastiktüten, Tütenfetzen, Folienstücke
- Plastikverpackungen (Lebensmittel, Süßigkeiten)
- Deckel, Verschlüsse
- Getränkeflaschen
- Plastikschnüre und Netzteile
- Luftballons
- Trinkhalme
- Zigarettenstummel

Kunststoffarten, die einen großen Teil des Meeresmülls ausmachen, sind unter anderem:

- **Polyethylen** (PE – Recyclingcodes 02 und 04): Verwendung u.a. für Plastiktüten, Kosmetikverpackungen, Tuben, Abdeckfolien, Schaumstoff-Schutznetze für Obst, Säcke, Flaschen, Netze
- **Polypropylen** (PP– Recyclingcode 05): Verwendung u.a. für Lebensmittelverpackungen, Joghurtbecher, Deckel von Getränkeflaschen, Spielzeug, Packbänder, Säcke, Garne
- **Polyethylenterephthalat** (PET – Recyclingcode 01): Verwendung u.a. für Getränkeflaschen, Lebensmittelverpackungen, Folien, Polyesterfasern
- **Polystryrol/Polystyrolschaum** /Styropor (PS – Recyclingcode 06): Verwendung u.a. für Fast-Food-Verpackungen, Einweggeschirr, Gemüseschalen, Frischhaltebehälter, Lebensmittelverpackungen, Joghurtbecher, Schaumstoffschalen, Füll- und Polstermaterial
- **Polyvinylchlorid** (PVC – Recyclingcode 03): Verwendung u.a. für Schlauchboote, Bälle, Silofolien, Schuhsohlen, Blisterverpackungen, Puppen, PVC-beschichtete Gewebe (zum Beispiel Arbeitshandschuhe)

Die Recyclingcodes sind auf den Verpackungen und Flaschen in einem Dreieck aus Pfeilen aufgedruckt. Sie geben an, aus welchem Material die Verpackung oder das Produkt hauptsächlich besteht. Die Codes dienen vor allem der Sortierung für die Rückführung in den Wertstoffkreislauf. Sie helfen Verbrauchern aber auch zu erkennen, mit welchem Kunststoff sie es zu tun haben. So kann der Verbraucher gegebenenfalls bestimmte Verpackungen meiden. Weich-PVC (Recyclingcode 03) enthält zum Beispiel besonders häufig schädliche Weichmacher. Diese können unter Umständen in die Produkte übergehen – insbesondere in fetthaltige Lebensmittel.

Haltbarkeit von Plastik: Müll für die Ewigkeit

Plastik hält fast eine Ewigkeit. Die Langlebigkeit des Materials hat extreme Konsequenzen für die gesamte Meeresumwelt. Genau genommen kann heute noch kein Mensch wissen, wie lange Plastik tatsächlich in unserer Umwelt verbleibt. Natürlich: Alle Gegenstände aus Plastik zerfallen mit der Zeit. Unter dem Einfluss von Sonnenlicht, Wasserbewegung und mechanischer Reibung zerbröselt das Material in immer kleinere Bestandteile. Dieser Zerfall benötigt viele Jahre, zum Teil Jahrhunderte, so viel ist sicher. Doch selbst wenn das Plastik mit dem Auge nicht mehr sichtbar ist, ist es noch lange nicht endgültig verschwunden. In mikroskopisch kleinen Teilchen existiert es nach wie vor im Meer und an den Stränden. Es gibt Schätzungen, wie lange bestimmte Gegenstände benötigen, um sich in Mikropartikel zu zersetzen. Diese Zahlen basieren auf Beobachtungen zu Beginn des Abbauprozesses und werden entsprechend hochgerechnet. Es sind jedoch keine exakten Werte. Vieles spricht nämlich dafür, dass sich der Abbau zu Beginn eines solchen Prozesses schneller vollzieht als später, also keineswegs linear verläuft. So können die Zahlen nur grobe Anhaltspunkte sein, die uns eine erste Ahnung von der Tragweite des Problems verschaffen.

Der Zeitraum, in dem Plastik in so kleine Teile zerfällt, dass es für das menschliche Auge nicht mehr sichtbar ist, wird für unterschiedliche Gegenstände wie folgt geschätzt:

- Plastiktüte: 10 bis 40 Jahre
- Plastikflasche: 450 Jahre
- Sixpack-Ringe: 400 Jahre
- Angelschnur: 600 Jahre
- Wattestäbchen: 150 Jahre
- Polystyrolbecher: 50 Jahre
- Zigarettenkippe: 1 bis 5 Jahre
- Kunststoffpellets: 100 Jahre

Im Laufe dieser Zeit zerfallen die Kunststoffgegenstände in Mikropartikel, die sich an Stränden mit den Sandkörnern vermischen, in Meeresstrudeln konzentrieren oder im Watt anreichern. Unter extremeren Bedingungen – etwa in der Tiefsee, wo es dunkler und kälter ist – kann die Zersetzung des Materials noch wesentlich länger dauern. Welche möglichen Gefahren von all diesen in der Umwelt verbleibenden mikroskopisch kleinen Partikeln ausgehen, kann heute noch niemand vollständig ermessen.

Die oft extrem lange Haltbarkeit von Plastik ist besonders dramatisch, wenn man sich vergegenwärtigt, dass ein enormer Anteil der Plastikprodukte eine für den Menschen nur sehr kurze Nutzungsdauer hat. Eine Plastiktüte wird in der Regel ein einziges Mal verwendet, um einen Einkauf nach Hause zu tragen. Gelangt diese Tüte aber in die Meeresumwelt, stellt sie je nach Stärke des Materials noch für Jahrzehnte eine erhebliche Gefahr für Meerestiere dar. Eine Getränkeflasche ist vielleicht einen Tag lang unser Begleiter – im Meer hingegen ist sie viele hundert Jahre unterwegs.

Schadstoffe und Plastik: „Giftpillen" auf großer Fahrt

Plastik enthält neben seinen Grundbestandteilen häufig zusätzlich problematische Substanzen. Diese chemischen Inhaltsstoffe werden bei der Herstellung beigemischt, um die Eigenschaften des jeweiligen Kunststoffs zu bestimmen oder zu verbessern.

Pellets aus Plastik: Aus diesen Teilchen werden Kunststoffprodukte hergestellt.

Solche sogenannten Additive sind zum Beispiel Weichmacher, die Plastikprodukte biegsam machen, und Licht- oder Flammschutzmittel. Es gibt sogar Zusatzstoffe, die eine hormonartige Wirkung entfalten und damit den Hormonhaushalt der Lebewesen, die sie aufnehmen, durcheinanderbringen können. Auch krebserregende Stoffe sind in manchen Kunststoffen enthalten. Die Additive können beim Auseinanderbrechen der Kunststoffteile unter dem Einfluss von Sonne, Wind und Meeresströmungen in die Umwelt freigesetzt oder von Tieren aufgenommen werden, die die Plastikteilchen mit Nahrung verwechseln.

Plastikteilchen sammeln Gifte

Kunststoffpartikel wirken auch wie ein Magnet auf gelöste Giftstoffe, die im Wasser schwimmen. Je kleiner die Plastikfragmente werden, desto größer wird ihre Oberfläche, an der giftige Substanzen andocken können. Die Giftkonzentration an den Plastikpartikeln ist oft um ein Vielfaches höher als in dem Meerwasser, in dem sie schwimmen. Würde beispielsweise ein spielendes Kind solche Teilchen versehentlich verschlucken, würde sein Organismus unter Umständen mit hohen Konzentrationen schädlicher Substanzen belastet werden.

Mikroplastik in der Nahrungskette kommt zu uns zurück

Je kleiner die Plastikteile im Meer sind, desto größer wird das Ausmaß unseres Problems. Mikroplastikpartikel werden bereits von kleinen und kleinsten Meeresorganismen, etwa von winzigen Plankton-Organismen, aufgenommen. Plankton ist wiederum die Nahrungsgrundlage sehr vieler anderer Tierarten. Mikroplastik findet sich daher in den Körpern von Krabben, Wattwürmern bis hin zu Seevögeln, Meeressäugern oder Fischen – und landet so zuletzt auch in unseren Lebensmitteln. Je kleiner die Teilchen sind, desto vielfältiger sind die Wege, auf denen sie in die Nahrungskette eintreten können.
Zusammen mit den Kunststoffpartikeln werden auch Schadstoffe und problematische Additive wie Weichmacher aufgenommen, die den Kunststoffen bei der Produktion zugesetzt werden. Wissenschaftler vermuten, dass solche Substanzen auch unseren Stoffwechsel stören und gesundheitliche Probleme verursachen können.

Auswirkungen auf Meerestiere

Plastikmüll hat für die Tiere des Meeres katastrophale Konsequenzen. Die Liste der Gefährdungen ist lang, und die Mechanismen, durch die Meeresorganismen Schaden nehmen können, sind vielfältig.

Aufnehmen und Verschlucken

Ein zentrales Problem entsteht durch die Aufnahme und das Verschlucken von Plastikteilen und -partikeln durch Meereslebewesen. Je kleiner die Teilchen sind, desto größer ist auch die Anzahl der unterschiedlichen Arten von Lebewesen, die von der Plastikaufnahme betroffen sind – weil sie die Plastikpartikel mit Nahrung verwechseln oder weil sie sie unbemerkt aufnehmen, wenn die Partikel mit bloßem Auge nicht mehr sichtbar sind. Plastikteile unterschiedlichster Größe finden sich in den Körpern von Würmern, Muscheln, Garnelen und Fischen bis hin zu Seevögeln, Robben, Seehunden und Walen. Werden Mikroplastikpartikel verschluckt, gelangen automatisch auch die Giftstoffe in den Körper. Es besteht die Gefahr, dass diese Schadstoffe im Organismus angereichert werden und Eingang in die Nahrungskette finden.

Fast alle verendeten Eissturmvögel haben Plastik im Magen.

Bei Miesmuscheln konnten Forscher heftige Entzündungsreaktionen beobachten, nachdem die Tiere Plastikpartikel aufgenommen hatten. Der Organismus versuchte offenbar, die Fremdkörper abzukapseln. An der schottischen Westküste wurden Plastikfasern, die nicht wieder ausgeschieden werden konnten, in den Mägen von Hummern entdeckt. Auch bei einer Vielzahl von Fischen konnte Plastik im Magen-Darm-Trakt festgestellt werden: Bei einer Untersuchung im Ärmelkanal waren über ein Drittel der untersuchten Tiere betroffen.
Von den Seevögeln hat besonders der Eissturmvogel unter der Plastikverschmutzung zu leiden: Nahezu alle Vögel dieser Art, die tot am Strand liegen, haben Plastik im Magen. Dort finden sich Teile von Schraubverschlüssen, Schaumstoffstückchen, Bruchteile mit scharfen Kanten. Oft ist der Magen so mit Plastikmüll vollgestopft,

dass keine Nahrung mehr hineinpasst. Die Tiere mussten bei vollem Magen verhungern. Auch Vögel, deren Magen noch nicht vollständig verstopft ist, sind stark beeinträchtigt: Die chronisch mangelhafte Ernährungssituation durch das verminderte Restvolumen des Vogelmagens hat negative Auswirkungen auf die körperliche Fitness, die Lebenserwartung und den Fortpflanzungserfolg der Tiere.

Meeresschildkröten fallen häufig einem tödlichen Irrtum zum Opfer: Sie fressen Plastiktüten, die sie mit umhertreibenden Quallen verwechseln, von denen sie sich ernähren. Tüten oder Folienfragmente verstopfen und blockieren dann die inneren Organe. Das Tier geht letztlich zugrunde.

An der spanischen Küste wurde 2013 sogar ein Pottwal angeschwemmt, in dessen Magen sich mehrere Meter Plastikfolie und viele andere unterschiedliche Gegenstände aus Plastik fanden.

Verheddern

Eine weitere negative Auswirkung des Mülls auf Meerestiere ist, dass sich viele Tierarten zum Beispiel in treibenden Netzen, Verpackungsmüll oder Luftballonbändchen verfangen. Über Bord gegangene Netze können als sogenannte Geisternetze sogar noch Jahre nach ihrem Verlust weiterfischen: Krebse und Fische verfangen sich darin und verenden. Die Kadaver stellen ein Nahrungsangebot für Jäger dar, Seevögel oder Seehunde werden aufmerksam und verfangen sich bei der Jagd ebenfalls in den Netzresten. Mit tödlichem Ausgang.

Basstölpel beispielsweise sind Seevögel, die häufig in Netzresten verenden. Diese Tiere machen Jagd auf Fische, indem sie aus dem Flug ins Wasser herabstoßen und nach ihrer Beute tauchen. Geraten sie dabei mit dem Schnabel in Netzreste, können sie sich oft nicht mehr befreien, weil sich am Schnabel der Basstölpel kleine Widerhaken befinden, die den Vögeln

Der verendete Basstölpel hat sich mit seinem Schnabel in Netzmaterial verfangen.

beim Stoßtauchen helfen, ihre glitschige Beute festzuhalten. An ihnen verhaken sich die Netzreste oft ohne Chance auf Befreiung: Die Tiere ertrinken oder strangulieren sich. Selbst wenn es ihnen gelingt, wieder aufzutauchen, werden sie die Netzreste am Schnabel nicht mehr los und verhungern daher mit hoher Wahrscheinlichkeit.

Auch an den Brutplätzen der Basstölpel auf der Nordseeinsel Helgoland lässt sich das traurige Ausmaß der Plastikproblematik eindrucksvoll beobachten: Die Vögel benutzen Netzreste zum Nestbau. Regelmäßig verfangen sich Vögel der Kolonie in den Kunststofffäden, können sich nicht mehr befreien und strangulieren sich mitten im Brutgebiet.

Weitere Auswirkungen

Welche Auswirkungen der Plastikmüll am Boden des Meeres hat, wird noch erforscht. Schätzungsweise 70 Prozent des gesamten Meeresmülls landen hier. Klar ist: Wird der Meeresboden durch den Müll abgedeckt, können dort wichtige Austauschprozesse nicht mehr stattfinden. Der Transport von lebenswichtigem Sauerstoff in tiefere Schichten des Meeresbodens wird behindert, und Organismen, die in diesen Schichten leben, erhalten nicht mehr genug davon. Auch Korallen sterben ab, wenn sie von herabgesunkenen Plastikteilen abgedeckt werden.

STRANDGUT AUS PLASTIK UND ANDERER MEERESMÜLL

Vorbemerkungen zu den Strandfunden

Im folgenden Teil dieses Buches sollen die häufigsten Müllfunde an Strand und Küste vorgestellt werden. Sie sind eingeteilt in Abfälle, die überwiegend aus gewerblicher Tätigkeit stammen, Müll, der durch Spiel und Spaß entsteht, und ganz normale Verbraucherabfälle. Diese Einteilung kann jedoch nie absolut betrachtet werden, denn häufig überschneiden sich mögliche Eintragsquellen. Viele Gegenstände werden in einer großen Palette von Anwendungsmöglichkeiten eingesetzt; es ist daher nicht möglich, mit Sicherheit zu sagen, ob etwa die angespülte Silikonkartusche aus einer gewerblichen Verwendung auf See, von einem Freizeitkapitän oder von einem Hobbyhandwerker auf dem Festland stammt.
Gleiches gilt für die Einteilung der Fundbeschreibungen: Unter dem Titel wird die wahrscheinliche Herkunft genannt. Daneben existieren natürlich viele weitere denkbare Möglichkeiten, wie ein Gegenstand ins Meer gelangen konnte. Die Zuweisungen sind also nicht mit wissenschaftlicher Strenge zu betrachten oder als alleinige Schuldzuweisung an eine bestimmte Adresse zu lesen.

Verschiedene Gegenstände aus Plastik verursachen in der Natur durchaus ähnliche Problemmuster beziehungsweise haben vergleichbare Auswirkungen auf Meeresorganismen. Wiederholungen im speziellen Teil dieses Buches sind daher beabsichtigt. Sie sollen sicherstellen, dass Leser, die sich über einen bestimmten Strandfund informieren möchten, diese Informationen im Zusammenhang komfortabel auffinden. Für die vorgestellten Fundstücke sind ungefähre Nutzungszeiten angegeben. Auch diese können individuell sehr unterschiedlich sein. Ein Arbeitsschutzhelm kann beispielsweise vier bis acht Jahre lang verwendet werden; es kann aber auch sein, dass er nach einem heftigen Schlag bereits nach einigen Tagen vorsichtshalber entsorgt werden muss, auch wenn keine Schäden erkennbar sind.
Die Angaben zu den Strandfunden sollen dem Leser ein Gefühl für Zusammenhänge vermitteln und ihm ermöglichen, zu einem eigenen Urteil über Verhältnismäßigkeit oder Unverhältnismäßigkeit des Einsatzes langlebiger Materialien für den jeweiligen Verwendungszweck zu gelangen.
Die Angaben zur Fundhäufigkeit beziehen sich in erster Linie auf persönliche Erfahrungen mit einem Schwerpunkt auf Beobachtungen an der Nordseeküste, auf Inseln und Halligen. Die Fundhäufigkeit kann sich natürlich regional unterscheiden. Wo es möglich war, wurde der Nutzungsdauer eines Gegenstandes die geschätzte Zersetzungszeit gegenübergestellt. Hierzu existiert bislang allerdings nur ein kleines Set von Gegenständen, für die wissenschaftlich recherchierte Zeiten angegeben sind, und selbst diese Angaben sind lediglich grobe Schätzungen. Häufig werden sie als Abbauzeiten bezeichnet, doch dieser Ausdruck ist irreführend, da die Gegenstände in Form von Mikro- und Nanopartikeln noch lange weiterexistieren.

Fischkasten

Fischerei

Nutzungsart: ●● Nutzungsdauer: ●●●●●
Fundhäufigkeit: ●●●○

Beschreibung: Fischkästen werden in der Fischerei bei Fang und Sortierung, für den Transport, in der Fischverarbeitung und im Fischhandel verwendet.

Die Kisten müssen robust und schlagfest sein und auch lange Kühlzeiten aushalten. Deshalb bestehen sie aus extrem stabilem Kunststoff. Am Strand angetriebene Fischkästen finden sich an der Küste in allen Farben. Häufig ist auf den Seiten der Plastikkisten ein Eigentumsvermerk mit einer Unternehmensbezeichnung oder ein Logo aufgedruckt, die einen Hinweis auf das Herkunftsland geben können. An der Nordseeküste angetriebene Fischkästen stammen häufig von Unternehmen aus den Niederlanden, Frankreich, Großbritannien oder Belgien. Oft kann man den Kisten ansehen, dass sie schon eine längere Zeit im Meer herumtreiben – sie sind dann mit Algen bewachsen oder von Muscheln besiedelt.

Fischkorb

Fischerei

Nutzungsart: ●● **Nutzungsdauer:** ●●●●●

Fundhäufigkeit: ●●●○

Beschreibung: Die Körbe aus orangefarbenem oder schwarzem Kunststoff werden in der Fischerei beim Einholen der Fische an Bord, beim Sortieren und zum Spülen des Fangs und für den Transport verwendet.

Fischkörbe sind relativ leicht und können unter rauen Wetterbedingungen schnell von Deck eines Schiffes gewaschen werden. Am Strand liegen die Körbe oft nach Stürmen. Gehen sie über Bord, sinken sie schnell auf den Meeresboden. Von Fischern, die sich am Umweltschutzprojekt „Fishing for Litter" des Naturschutzbundes Deutschland (NABU) beteiligen, werden die Fischkörbe häufig mit einem Schleppnetz wieder aus dem Wasser geholt.

Fischernetz

Fischerei

Nutzungsart: ●● Nutzungsdauer: ●●●●●
Fundhäufigkeit: ●●●○

Beschreibung: Fischernetze werden zum Fischfang genutzt. Sie können aus vielen verschiedenen Gründen im Meer landen: durch den Verlust im Sturm, durch ein Verhaken des Netzes am Meeresgrund – zum Beispiel mit Müll oder Schiffswracks – oder durch illegale Beseitigung. Netze und Netzreste stellen eine große Gefahr für die marine Umwelt dar, da sie noch viele Jahre lang weiterfischen können („Geisternetze"). Das gilt insbesondere für solche Netze, die am Meeresgrund festgehakt sind und noch im Wasser treiben. Fische und Krabben verfangen sich in diesen Geisternetzen, Seehunde und Seevögel werden dann von diesen „Fängen" angelockt und können sich ebenfalls in den Geisternetzen verfangen. Seehunden legen sich Netzreste manchmal um den Hals. Wenn das bei einem Jungtier passiert, das noch wächst, werden sie immer enger und schneiden immer tiefer ins Fleisch.

Verloren gegangene Netze verbleiben extrem lange in der Meeresumwelt, da sie in der Regel aus sehr langlebigen Materialien wie Nylon oder Polypropylen gefertigt sind und Jahrhunderte benötigen, um zu zerfallen.

Netz- und Tauwerkfragment

Schifffahrt, Fischerei

Fundhäufigkeit: ●●●○

Beschreibung: Recht häufig finden sich am Strand kleine Fragmente, die aus Fischernetzen oder von Tauwerk stammen. Es handelt sich meist um abgeschnittene Knoten oder Teile von Netzmaterial, die beim Ausbessern der Netze an Bord oder im Hafen entfernt wurden.

Plastikfaden

Fischerei

Fundhäufigkeit: ●●●●

Beschreibung: Bunte oder schwarze Plastikfäden sind am Strand beinahe allgegenwärtig und in nahezu jedem Tanggeflecht zu finden. Es sind einzelne Fäden aus Materialien für die Schifffahrt (Netze oder Taue), die sich im Laufe der Zeit aufgelöst haben. Solche Fäden verknoten sich oft sehr fest mit natürlichen Materialien und anderem Treibgut. Die entstehenden Konglomerate sind eine Gefahr für Vögel und andere Meerestiere, die sich darin verfangen und häufig nicht mehr selbst befreien können.

Hummerfalle

Fischerei

Nutzungsart: ●● Nutzungsdauer: ●●●●●
Fundhäufigkeit: ●●○○

Beschreibung: Hummerfallen werden in der Fischerei verwendet, um verschiedene Arten von Krebstieren wie Taschenkrebse oder Hummer zu fangen.
Eine Hummerfalle besteht aus einem Korb oder einem Käfig, in den ein trichterförmiger Eingang führt. Die Falle wird auf den Meeresboden heruntergelassen; dort krabbeln Krebstiere in den trichterförmigen Eingang und fallen in die Fangvorrichtung. Manche der Fallen sind aus Metall, Holz und Tauwerk gefertigt. Hummerfallen werden aber auch als kunststoffummantelte Stahlkörbe angeboten, in denen ein Einstiegstrichter aus Plastik befestigt ist. Diese Plastiktrichter lassen sich häufig einzeln im Treibgut entdecken.

o.: Eingangsbereich einer Hummerfalle

Netzschwimmer/Auftriebskörper

Fischerei

Nutzungsart: ●● **Nutzungsdauer:** ●●●●●

Fundhäufigkeit: ●○○○

Beschreibung: Schwimmer und Auftriebskörper werden in der Stellnetz- oder Schleppnetzfischerei verwendet, um die Netze in der gewünschten Wassertiefe zu halten. Die befischte Wassertiefe wird durch die Anzahl der am Netz befestigten Schwimmer beeinflusst. Die Auftriebskörper für Fischernetze sind feste Körper aus Kunststoff, meist in den leuchtenden Farben Gelb oder Orange. Sie sind rund oder eiförmig, häufig zentral durchbohrt, manchmal auch mit Ösen oder Seitenlöchern versehen.

Markierungsboje für Stellnetze

Fischerei

Nutzungsart: ●● Nutzungsdauer: ●●●●●
Fundhäufigkeit: ●○○○

Beschreibung: Die Markierungsbojen weisen auf ausgelegte Stellnetze hin. Sie bestehen aus einer beflaggten Stange und einem Schwimmkörper, der häufig aus Polystyrolschaum (Styropor) besteht. An den Enden eines Stellnetzes werden Doppelflaggen angebracht, lange Netze dazwischen werden zusätzlich mit Einzelflaggen gekennzeichnet. Die Netzmarkierungen sind außerdem an ihrer Spitze oft mit Radarreflektoren ausgestattet, damit sie für Schiffe besser erkennbar sind.

Netzsack („Poche")

Muschelkultur

Nutzungsart: ●● **Nutzungsdauer:** ●●●●●
Fundhäufigkeit: ●●○○

Beschreibung: Die sogenannten Poches werden in der Austernzucht verwendet; die Austern wachsen darin heran.

Poches sind robuste wasserdurchlässige Netzsäcke aus Polyethylen. In der Gezeitenzone werden die Austern in diesen Kunststoffsäcken auf niedrige Eisengestänge gebunden, damit sie vom Meerwasser umspült und mit Nährstoffen versorgt werden können – diese Methode der Austernzucht heißt „Tischkultivierung". Die Säcke werden regelmäßig gewendet, aufgeschüttelt und durchgerüttelt, damit die Muscheln darin nicht zusammenwachsen. Es gibt sie in unterschiedlichen Maschenweiten.

„Tahiti-Röckchen"

Muschelkultur

Nutzungsart: ●○ **Nutzungsdauer:** ●●●●○

Fundhäufigkeit: ●●●○

Beschreibung: Plastikfolien mit Fransen – „Tahiti-Röckchen" genannt – stammen meistens von Muschelfarmen aus der Bretagne. Sie schützen in der Kultur der Bouchot-Muschel die heranwachsenden Schalentiere vor Fressfeinden.

Bouchot-Muscheln wachsen in Muschelkulturen auf Holzpfählen heran, die in der Gezeitenzone im Sand oder im Sediment versenkt wurden. Die Muscheln werden auf Seilen herangezüchtet und um die Holzpfähle gewunden. Um zu verhindern, dass natürliche Feinde wie Seesterne die mit Muscheln besetzten Pfähle („*bouchots*") erklettern, werden Plastikfolien, die eingeschnitten sind wie ein Fransen-Röckchen, am unteren Ende des Pfahls befestigt. Diese „Tahiti-Röckchen" bestehen meist aus transparenter Polyethylenfolie, manchmal werden aber auch farbige Folien verwendet.

Tauwerk

Gewerbliche Schifffahrt, Sport- und Freizeitschifffahrt

Nutzungsart: ●● **Nutzungsdauer: ●●●●●**

Fundhäufigkeit: ●●●○

Beschreibung: Taue werden in den unterschiedlichsten Materialstärken und für alle möglichen Arten der Befestigung und der Bewegung von Lasten verwendet, etwa zum Festzurren von Gegenständen an Bord, zur Befestigung von Bojen und Fendern oder zum Festmachen von Schiffen. Häufig kommen dabei Taue aus synthetischen Materialien zum Einsatz. Taue können bei Arbeiten auf See unter schlechten Wetterbedingungen und in großer Eile versehentlich verloren gehen. Gelangen die Taue ins Meer, können sie sich mit anderem Treibgut verwickeln und werden zu einer Gefahr für Tiere, die darin hängen bleiben. Taue aus Kunststoff sind langlebig und können nach und nach in einzelne Kabelgarne zerfallen, die sich fest mit anderen treibenden Gegenständen verknoten.

Scheuerfäden („Dolly Ropes")

Fischerei

Nutzungsart: ●○ **Nutzungsdauer:** ●●●○○
Fundhäufigkeit: ●●●●

Beschreibung: Scheuerfäden werden in der Fischerei verwendet, um das eigentliche Fischernetz bei der Grundberührung am Meeresboden vor dem Durchscheuern zu schützen.

Zum Schutz des Netzes vor Schäden werden Bündel aus Polyethylen-Strängen (sogenannte „Dolly Ropes") locker in das Fischernetz eingeknotet oder mit Kabelbindern befestigt. Diese Scheuerfäden sind Verschleißartikel, ihre Abnutzung ist kalkuliert – und damit auch ihr Eintrag in die Meeresumwelt. Viele der feinen Plastikfäden, die sich im Tang und im Spülsaum finden lassen, sind auf diesen bewusst in Kauf genommenen Verlust von Scheuerfäden zurückzuführen. Die Plastikstränge lösen sich in viele Einzelfäden auf und verknoten stark. Wenn die Fäden am Netz stark verfilzt sind, reißen sie viel Sand mit sich. Dann werden sie in der Regel durch neue Polyethylen-Stränge ersetzt. Wer zum Beispiel einmal versucht hat, einen Ast aus solchen Fadenknäueln herauszulösen, kann sich leicht vorstellen, dass ein Tier, das sich darin verfängt, kaum eine Chance hat, sich wieder zu befreien. Viele Vögel strangulieren sich in diesem Material, ertrinken oder verhungern, weil sie sich nicht befreien können. Basstölpel nutzen die orangefarbenen Fäden häufig für den Bau ihrer Nester, oft ebenfalls mit tödlichem Ausgang.

Scheuerfäden werden in das Fischernetz geknotet, um es bei Grundberührung vor Schäden zu schützen.

Boje und Fender

Schifffahrt

Nutzungsart: ●● Nutzungsdauer: ●●●●●
Fundhäufigkeit: ●○○○

Beschreibung: Bojen sind schwimmende Markierungen, die im Meeresboden verankert sind. Sie dienen zur Kennzeichnung von Fahrwassern, Hindernissen und Gefahren wie zum Beispiel ausgelegten Stellnetzen. Fender werden in der Schifffahrt als Schutzkörper verwendet, um den Schiffsrumpf vor Kratzern oder Schäden durch Reibung zu schützen. Bojen können sich in Stürmen losreißen oder durch Schiffe versehentlich abgetrennt werden. Gelegentlich finden sich am Strand auch selbst gemachte Bojen, die oft aus einem gebrauchten Kanister mit grellbuntem Anstrich gefertigt sind, der so eine Zweitverwertung erfährt. Es gibt viele unterschiedliche Bojen aus sehr verschiedenen Materialien. Deshalb kann die geschätzte Zerfallszeit bestenfalls eine sehr grobe Annahme sein.

Geschätzte Zerfallszeit: 50 Jahre

Eine selbst gemachte Boje

Seenotleuchte

Schifffahrt

Nutzungsart: ●● Nutzungsdauer: ●●●●●

Fundhäufigkeit: ●○○○

Beschreibung: Seenotleuchten gehören zur Sicherheitsausrüstung auf See. Sie werden an Rettungswesten befestigt. Die wasserdichten und batteriebetriebenen Leuchten in Kunststoffgehäusen senden Lichtsignale aus, die in „Mann über Bord"-Situationen eine Ortung auf weitere Entfernungen möglich machen sollen.

Arbeitshandschuh

Fischerei, Schifffahrt

Nutzungsart: ●● Nutzungsdauer: ●●●○○
Fundhäufigkeit: ●●●●

Beschreibung: Arbeitshandschuhe werden bei zahlreichen Tätigkeiten in der Fischerei und Muschelkultur verwendet, etwa beim Einholen des Fangs oder bei der Sortierung und Verarbeitung von Fischen.

Die Handschuhe sind häufige Strandfunde. Viele findet man in fast neuwertigem Zustand, was dafür spricht, dass sie häufig versehentlich verloren gehen. Bei schlechtem Wetter müssen viele Arbeiten an Bord sehr zügig ausgeführt werden. Werden Handschuhe dann in der Eile irgendwo festgeklemmt, gehen sie möglicherweise bei der nächsten hohen Welle über Bord.

Arbeitshandschuhe für die Fischverarbeitung müssen bei Tätigkeiten in kalter und nasser Umgebung besonders griffsicher sein. Für den Umgang mit rutschigen Gegenständen sind die Handschuhe aufgeraut. Sie bestehen in der Regel aus Latex. Es werden jedoch auch Arbeitshandschuhe aus synthetischen Materialien verwendet, die bei der Herstellung in PVC getaucht werden, um den Träger später vor Chemikalien zu schützen. Weich-PVC besteht allerdings seinerseits zu einem hohen Anteil aus gesundheitsschädlichen Weichmachern. Diese giftigen Zusatzstoffe werden bei der Benutzung ausgewaschen oder abgerieben und gelangen auf diese Weise in die Meeresumwelt.

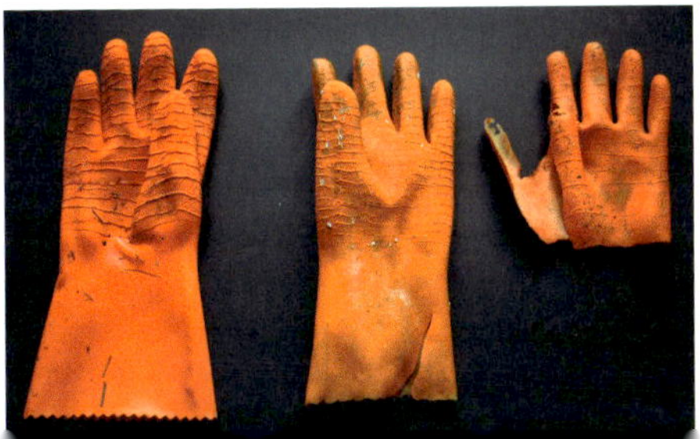

Schutzhelm

Schifffahrt, Offshore-Anlagen, Industrie, Bau

Nutzungsart: ●● Nutzungsdauer: ●●●●●
Fundhäufigkeit: ●●●○

Beschreibung: Industrielle Schutzhelme kommen in vielen Arbeitsbereichen am Meer zum Einsatz, zum Beispiel auf Offshore-Anlagen, auf Schiffen und bei der Verladung von Lasten. Viele Helme, die am Strand angespült werden, sind beschädigt. Nicht selten findet man aber auch beinahe neuwertige Exemplare, was dafür spricht, dass diese versehentlich ins Meer gelangt sind. Schutzhelme müssen nach vier bis acht Jahren ausgemustert werden, weil die Helmschale spröde geworden ist und keinen ausreichenden Schutz mehr bietet.

Gehörschutzstöpsel

Schifffahrt, Offshore-Anlagen, Freizeitaktivitäten

Nutzungsart: ●● **Nutzungsdauer:** ●●○○○
Fundhäufigkeit: ●●●●

Beschreibung: Gehörschutzstöpsel werden bei Arbeiten in hoher Umgebungslautstärke, zum Beispiel in der Nähe von Maschinen, getragen. Im Freizeitbereich werden die Ohrstöpsel verwendet, um den Gehörgang beim Baden vor dem Eintritt von Wasser zu schützen. Am Strand finden sich Gehörschutzstöpsel sehr häufig und in allen Farben. Die Stöpsel sind in der Regel aus Schaumstoff gefertigt und kegel- oder zylinderförmig. Sie können prinzipiell mehrfach verwendet werden. Wegen der im Laufe des Gebrauchs nachlassenden Elastizität des Schaumstoffs und der Verunreinigung während des Tragens werden Ohrstöpsel aber selten wirklich lange verwendet.

Kiste

Schifffahrt, Events am Strand

Nutzungsart: ●● **Nutzungsdauer:** ●●●●●
Fundhäufigkeit: ●●●○

Beschreibung: Neben den typischen Fischkästen wird ein breites Spektrum weiterer Plastikkisten an die Strände gespült. In erster Linie sind es Kisten für den Transport und die Lagerung von Lebensmitteln: Stapelbehälter für Obst und Gemüse, Kisten für den Transport von Backwaren, Getränkekisten oder Kisten für Milchflaschen.

o.: Eine Transportkiste für Backwaren

mi.: Eine Kiste für Flaschenmilch aus Yorkshire, gefunden auf Nordstrand in Nordfriesland

Kanister

Gewerbliche Schifffahrt, Sport- und Freizeitschifffahrt

Nutzungsart: ◐◐ **Nutzungsdauer:** ●●●◐○
Fundhäufigkeit: ●●●●

Beschreibung: Plastikkanister werden für den Transport von Öl, Kraftstoffen, Reinigungschemikalien, aber auch für Trinkwasser, Speiseöl und andere Lebensmittel verwendet. Kanister sind nahezu alltägliche Müllfunde an unseren Küsten. Auf vielen klebt noch ein Gefahrgutkennzeichen, andere wurden vor der Entsorgung als Sammelgefäß für Altöl verwendet. Plastikkanister sind sehr robust. Deshalb werden gebrauchte Kanister oft aufgeschnitten und als offenes Gefäß weiterverwendet. Beliebt ist auch eine Zweitverwendung von Kanistern als selbst gemachte Boje.

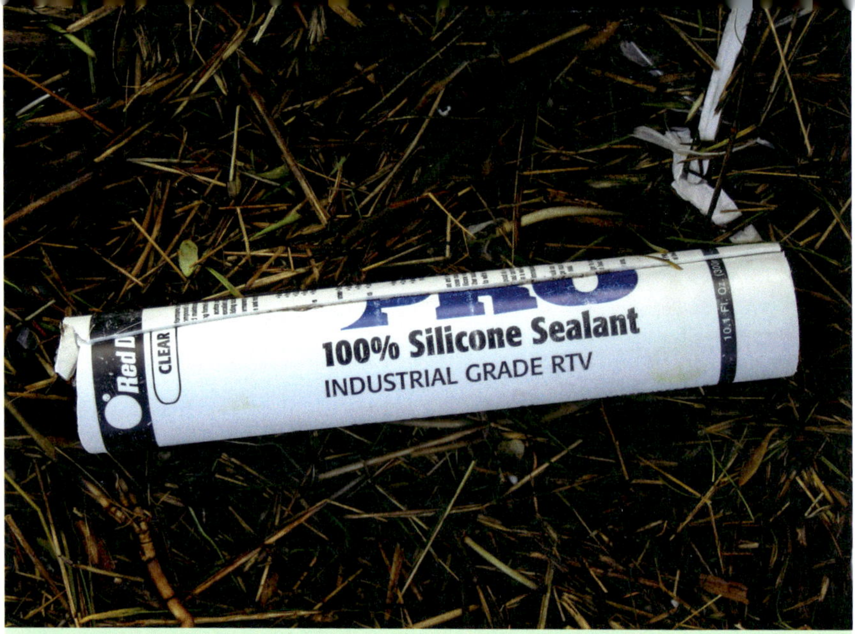

Kartusche

Gewerbliche Schifffahrt, Sport- und Freizeitschifffahrt

Nutzungsart: ●○ **Nutzungsdauer:** ●●●○○

Fundhäufigkeit: ●●●●

Beschreibung: Kartuschen für Silikon, Dichtmasse oder Schmierfett finden sich am Strand in allen Farben und mit Aufdrucken in vielen Sprachen. Fremdsprachige Aufdrucke lassen darauf schließen, dass ein großer Teil dieser Behälter über die Schifffahrt ins Meer gelangt. Bei der umfassenden Verwendbarkeit der Materialien kommen aber auch Freizeitkapitäne und Hobbybastler als Verursacher der Verschmutzung in Betracht.

Umreifungsband

Gütertransport an Land und auf See

Nutzungsart: ●○ **Nutzungsdauer:** ●●○○○
Fundhäufigkeit: ●●●○

Beschreibung: Die festen Kunststoffbänder werden benutzt, um Ladung zusammenzuhalten oder Packstücke auf Paletten zu befestigen. Sie bestehen in der Regel aus Polypropylen oder Polyethylen. Umreifungsbänder werden um das Packstück geschlungen, mit einem speziellen Gerät gespannt und an den Enden durch Verschweißen verschlossen.

Verloren gegangene und insbesondere verschlossene Bänder sind für Meerestiere sehr gefährlich. Wenn sich die Bänder um den Körper legen, können sich Tiere unter Umständen nicht mehr befreien; das gilt besonders für enge Umreifungen. Legen sich zum Beispiel solche Bänder um den Hals von jungen Meeressäugern, schneiden sie tief in das Fleisch, wenn das Tier wächst. Umreifungsbänder findet man häufig als Bestandteile von Knäueln aus Netzresten und Luftballonbändern.

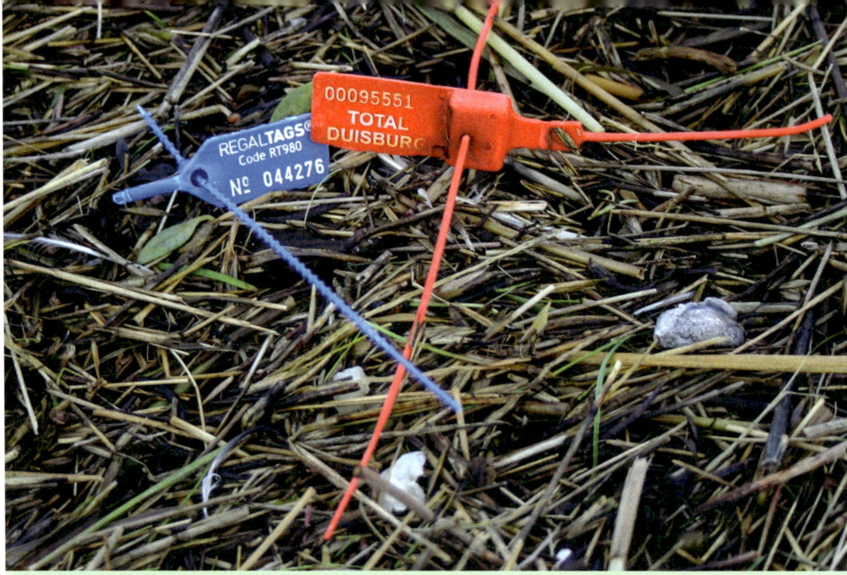

Sicherheitsplombe

Warentransport

Nutzungsart: ●○ Nutzungsdauer: ●●○○○

Fundhäufigkeit: ●●●○

Beschreibung: Mit Sicherheitsplomben werden Container, Lkw, Transporter, Tanks, Kisten und diverse Warentransportbehälter versiegelt. Damit soll sichergestellt werden, dass die Behälter während des Transports nicht unbefugt geöffnet werden.

Am Strand finden sich in der Regel sogenannte Durchziehplomben. Sie werden ähnlich wie Kabelbinder am zu versiegelnden Behälter angebracht. Auf der Plombenfahne sind oft Markierungen aufgedruckt oder eingeprägt, beispielsweise Nummern, die eine Nachverfolgung der transportierten Waren ermöglichen. Gelegentlich steht darauf auch der Name des Unternehmens.

Die Plomben bestehen aus Polyethylen oder Polypropylen, sie sind in allen möglichen Farben zu finden.

Sicherungsanhänger („safety tag")

Schifffahrt, Offshore-Industrie

Nutzungsart: ●○ **Nutzungsdauer:** ●●●◐○
Fundhäufigkeit: ●●○○

Beschreibung: Sicherungsanhänger werden zur Sicherung technischer Anlagen verwendet: Ventile, Absperrhähne und andere Schließvorrichtungen werden mit ihrer Hilfe in einer bestimmten Position fixiert und gekennzeichnet. Häufig geschieht das mit Kunststoffplomben und einem entsprechenden Anhänger, der mit der Plombe an der Anlage befestigt wird.

Die Anhänger bestehen in der Regel aus festem Kunststoff und können mehrfach eingesetzt werden. Gelegentlich finden sich auch Papieranhänger, die mit Plastikringen verstärkt sind und auf denen genauere Anmerkungen zur fixierten Anlage handschriftlich notiert werden können.

Trassenwarnband

Kabelverlegung

Nutzungsart: ●○ **Nutzungsdauer:** ●●●●○

Fundhäufigkeit: ●●○○

Beschreibung: Trassenwarnbänder sind bedruckte Kunststoffbänder, die auf Leitungen oder Kabel in der Erde hinweisen. Sie werden bei der Verlegung etwa 20 bis 50 Zentimeter über der Leitung in die Erde gelegt und sollen sie auf diese Weise vor einem unbeabsichtigten Aushub schützen.

Trassenwarnbänder bestehen aus sehr dehnbarem und witterungsbeständigem Kunststoff, damit sie nicht sofort reißen, wenn sie von einer Baumaschine aus dem Boden gezogen werden. Ein Aufdruck auf dem Folienband informiert über die Art der Leitung und ihren Eigentümer. Häufig finden sich am Strand Trassenbänder von der Post oder der Deutschen Telekom.

Bauschaum Viele mögliche Ursprünge, Verwendung durch Profis und Heimwerker, für unterschiedlichste Aufgaben eingesetzt

Nutzungsart: ●○ **Nutzungsdauer:** ●●●●○
Fundhäufigkeit: ●●●○

Beschreibung: Bei Montageschaum handelt es sich in der Regel um Polyurethanschaum. Bauschaum wird in Treibgasdosen verkauft: Die chemischen Stoffe in der Dose reagieren mit der Feuchtigkeit der Luft und bilden ein voluminöses Kunststoffgebilde, sobald sie aus der Dose austreten. Der Schaum wird unter anderem zu Dämmzwecken, zum Auffüllen von Hohlräumen, zum Schallschutz und Schließen von Fugen verwendet. Während der Verarbeitung entstehen giftige Gase, weshalb Montageschaum-Dosen nur als Sondermüll entsorgt werden dürfen. Polyurethanschäume enthalten zudem gesundheitlich bedenkliche Flammschutzmittel. Diese können in die Meeresumwelt übertreten, wenn ausgehärteter Polyurethanschaum ins Meer gelangt und sich dort zersetzt. Oft finden sich am Strand Bauschaumdosen, an denen mehr oder weniger große Schaumgebilde kleben.

Polystyrolschaum Viele mögliche Ursprünge, Einsatz für eine breite Palette unterschiedlicher Anwendungen

Nutzungsart: ◐◐ Nutzungsdauer: ●●●◐○

Fundhäufigkeit: ●●●○

Beschreibung: Geläufiger als die Bezeichnung „Polystyrolschaum" ist der Handelsname „Styropor". Das Material besteht aus unzähligen kleinen Schaumkugeln, die locker miteinander verklebt und in Platten, Blöcke und andere Objekte gepresst sind. Polystyrolschaum wird als Dämmmaterial, zur stoßdämpfenden Verpackung empfindlicher Produkte oder als Auftriebskörper für die Markierungen von Stellnetzen in der Fischerei verwendet.

Unter den Kräften des Meeres zerbröckelt Styropor recht schnell in einzelne Schaumkügelchen, die häufig in großer Zahl im Spülsaum zu finden sind. Insbesondere die Dämmstoffe aus Polystyrolschaum enthalten häufig giftige Flammschutzadditive, die mit in die Meeresumwelt eingetragen werden.

Sandfangzaun

Küstenschutzmaßnahmen an Stränden

Nutzungsart: ●● Nutzungsdauer: ●●●●○
Fundhäufigkeit: ●○○○

Beschreibung: Sandfangzäune dienen zum Küsten- und vor allem Erosionsschutz. Sie sollen die Windeinwirkung an bestimmten Küstenabschnitten mindern und Flugsand zurückhalten. Die Zäune werden häufig aus Naturmaterialien hergestellt, können aber auch als Spezialzäune aus Kunststoff gekauft werden. Ziel der Errichtung von Sandfangzäunen ist es, möglichst viel Sand am Boden zu halten, um auf diese Weise zu verhindern, dass größere Sandmassen durch den Wind fortgetragen werden.

Eimer

Schifffahrt, Landwirtschaft, Freizeitaktivitäten und Events an der Küste

Nutzungsart: ◐◐ **Nutzungsdauer:** ●●●○○
Fundhäufigkeit: ●●●●

Beschreibung: Plastikeimer werden in vielen unterschiedlichen Zusammenhängen verwendet. Am Strand lassen sich häufig Eimer als Verpackung für Lebensmittel (zum Beispiel Fertigsalate), Eimer für Tierfutter, Farbe oder Kiosk-Süßwaren, gelegentlich aber auch Haushaltseimer finden. Sie sind in der Regel sehr stabil gefertigt, so dass von langen Zersetzungszeiten auszugehen ist.

Plastikfolie

Gütertransport, Landwirtschaft

Nutzungsart: ●○ **Nutzungsdauer:** ●●●○○

Fundhäufigkeit: ●●●●

Beschreibung: Große Folien werden verwendet, um Waren auf dem Transportweg zusammenzuhalten und vor der Witterung zu schützen. Schwere Ladungen und Güter mit uneinheitlichen Größen werden mit Folien umwickelt auf Paletten transportiert und vor dem Verrutschen gesichert. In der Landwirtschaft werden Agrarfolien unter anderem verwendet, um Silos zu verschließen.

Die Folien bestehen häufig aus transparentem Polyethylen, Agrarfolien sind manchmal aus zwei unterschiedlich gefärbten PE-Schichten zusammengesetzt. Folien, die ins Meer gelangen, sinken oft auf den Meeresgrund und können dort große Bereiche des Bodens abdecken. In diesen abgedeckten Bereichen wird der Sauerstofftransport behindert, so dass für die im Boden lebenden Organismen nicht mehr genug Sauerstoff zur Verfügung steht. Korallen können unter Folienabdeckung absterben.

Folienfragment

Gütertransport, Landwirtschaft

Fundhäufigkeit: ●●●●

Beschreibung: Plastikfolien und Plastiktüten zerfallen im Laufe der Zeit in viele kleine Fetzen. Die Fragmente sind häufig eher unauffällig und werden am Strand kaum beachtet. Folienfragmente machen jedoch laut Umweltbundesamt einen sehr hohen Anteil des Meeresmülls aus, der im Rahmen von Monitoring-Maßnahmen an den Küsten gefunden wird. Plastikfragmente werden von Tieren mit Nahrung verwechselt oder unbeabsichtigt aufgenommen. Sie können innere Organe verstopfen und zum Tod des Tieres führen.

MIKROPLASTIK

Von Mikroplastik ist dann die Rede, wenn der Durchmesser der Plastikteilchen kleiner als fünf Millimeter ist. Unterschieden werden die Teilchen, die bereits in dieser Größe hergestellt wurden („primäres Mikroplastik"), von solchen, die im Laufe der Zeit in kleine Partikel zerfallen sind („sekundäres Mikroplastik").

Primäres Mikroplastik

Pellets

Zum primären Mikroplastik, also zu den Plastikteilchen, die bereits als Mikropartikel produziert wurden, gehören Kunststoffpellets. Als Granulat stehen sie ganz am Beginn des Lebenslaufes eines jeden Plastikprodukts. Pellets sind kleine Plastikkörnchen; sie werden eingeschmolzen und dann zu unterschiedlichen Plastikprodukten gegossen und geformt. Auf dem Transportweg in die weiterverarbeitenden Fabriken können Pellets verloren gehen, zum Beispiel bei der Verladung auf Schiffe. Verschüttete Pellets finden sich häufig im Spülsaum zwischen Pflanzenresten, im Wasser können sie wie Fischeier wirken und von Tieren mit Nahrung verwechselt werden.

Zusatzstoffe in Kosmetik, Zahnpasta, Reinigungsprodukten

Auch Plastikpartikel, die in Duschgels, Zahnpasten und Peelings enthalten sind, zählen zum primären Mikroplastik. Die Plastikkügelchen, meist bestehend aus den Kunststoffen Polyethylen oder Polypropylen, sorgen für die abschleifende Wirkung von Kosmetikprodukten oder dienen dort als Füllstoff. Diese Partikel können von Kläranlagen meistens nicht zurückgehalten werden und gelangen über die Abwässer ins Meer. Beim Kauf von Reinigungs- und Kosmetikprodukten lohnt es sich, die Liste der Inhaltsstoffe aufmerksam durchzulesen, dabei auf die Stoffe Polyethylen (PE) und Polypropylen (PP) zu achten und entsprechende Produkte zu meiden.

Fasern

Fasern von Fleecestoffen, Funktionstextilien und anderen synthetischen Stoffen werden bei jeder Wäsche ins Abwasser abgegeben. Die Kleinstfasern passieren ungehindert viele Kläranlagen und landen als synthetische Fasern im Meer.

Sekundäres Mikroplastik

Sekundäres Mikroplastik entsteht beim Zerfall größerer Plastikteile. Sonnenlicht macht das Material brüchig. Durch Wind, Wellenschlag oder die Kollision mit anderen Gegenständen wird das Plastik allmählich aufgerieben und zerfällt in immer kleinere Fragmente, die schließlich nicht mehr mit bloßem Auge sichtbar sind. Doch je kleiner die Plastikteilchen, desto größer sind die Probleme, die entstehen können: Die Bandbreite der Lebewesen, die das Plastik versehentlich aufnehmen können, wird immer größer, denn es kommen auch sehr kleine Organismen zu den betroffenen Arten hinzu.
Sekundäres Mikroplastik entsteht also am Ende des Lebenslaufes eines Plastikprodukts, nachdem es in die Umwelt gelangt ist. Wie lange die Mikropartikel benötigen, um wieder in ihre molekularen Ausgangsstoffe zu zerfallen, ist noch vollkommen unbekannt. Ebenso wenig können wir zum heutigen Zeitpunkt ermessen, welche Gefahren für Tiere und Menschen von der zunehmenden Anreicherung der Plastikpartikel in der Meeresumwelt ausgehen.
Man findet Mikroplastik in den Speiballen von Möwen, in Fischen, Krebsen und den Ausscheidungen von marinen Säugetieren wie Seehunden und Schweinswalen. Selbst Wattwürmer werden durch Plastikpartikel krank. Forscher fanden heraus, dass Wattwürmer, die in mit Mikroplastik belastetem Schlamm lebten, weniger fraßen und Entzündungsreaktionen zeigten.

Geschmolzenes Plastik

Fundhäufigkeit: ●○○○

Kunststoff schmilzt, beispielsweise wenn am Strand ein Lagerfeuer gemacht wird und dabei herumliegender Plastikmüll verflüssigt wird. Wenn solche geschmolzenen Brocken andere Materialien wie Sand, Muschelschalen oder Gesteine einschließen beziehungsweise mit diesen verklumpen, können sie zu einer neuartigen Gesteinsart werden: An der Küste von Hawaii fanden kanadische Forscher geschmolzenes Plastik, das sich mit anderen Materialien verbunden hatte. Das abgekühlte und wieder erhärtete Plastik bildete ein Konglomerat mit Sedimenten, Vulkangestein, Holz oder Muschelschalen. Dieses Gebilde wird von den Geologen als ein neuer Gesteinstypus namens Plastiglomerat betrachtet. Weil diese Brocken voraussichtlich viele Jahrhunderte überdauern werden, könnten sie für die Archäologen der Zukunft zu einem Indikatorgestein für unsere Zeit werden.

Luftballon aus Latex

Freizeitaktivitäten, Feiern, Werbung

Nutzungsart: ●○ **Nutzungsdauer:** ●●○○○

Fundhäufigkeit: ●●●●

Beschreibung: Zu fröhlichen Anlässen werden häufig unzählige Luftballons als Dekoration verwendet. Sie sind buntes Beiwerk von Geburtstagsfeiern, werden bei Firmenjubiläen an Gebäuden befestigt und bei Großevents nicht selten zu Tausenden in die Luft entlassen. Von Fast-Food-Anbietern werden Ballons oft mit den Kindermenüs über den Tresen gereicht oder bei Kindergeburtstagsfeiern verteilt. Luftballons sind sehr häufige Strandfunde. Sie bestehen meist aus Latex, das von Ballonanbietern als Naturmaterial angepriesen wird, das angeblich mit der gleichen Geschwindigkeit verrottet wie ein Eichenblatt. Dass gerade Eichenlaub sehr langsam verrottet, ist den wenigsten Verbrauchern bewusst. Zudem zeigt eine Studie, dass die Geschwindigkeit des Latexabbaus in hohem Maße durch den Einfluss von Sonnenlicht beeinflusst wird und im Meerwasser, besonders in dunkler und kalter Umgebung, erheblich länger dauern kann als an Land. Latexballons können so für Monate bis Jahre in der marinen Umwelt verbleiben und Meerestiere gefährden.

Luftballon aus Folie

Freizeitaktivitäten, Feiern, Werbung

Nutzungsart: ●○ **Nutzungsdauer:** ●●○○○
Fundhäufigkeit: ●●●●

Beschreibung: Neben den Ballons aus Latex gibt auch solche aus einer speziellen Plastikfolie, zum Beispiel aus PET oder Polyester. Auf diese Kunststofffolie ist oft noch eine Beschichtung aus Metall aufgedampft, die für Kurzschlüsse sorgen kann, wenn die Ballons in Stromleitungen geraten. Folienballons sind häufige Strandfunde. Aufgrund ihres Materials sind sie besonders undurchlässig für Gase und werden deshalb gern eingesetzt, wenn ein Ballon mit Helium gefüllt werden soll. Folienballons sind sehr langlebig.

Ballonfragment

Freizeitaktivitäten, Feiern, Werbung

Fundhäufigkeit: ●●●●

Beschreibung: Wenn Latexballons zerbersten, zerfällt die Ballonhaut häufig in sehr viele lange und schmale Latexfetzen. Solche Fetzen lassen sich – oft gemeinsam mit Plastikbändchen – im Treibgut entdecken. Kleine Latexfragmente können von Tieren wie Fischen, Vögeln und Meeresschildkröten versehentlich verschluckt oder mit Nahrung verwechselt und aufgenommen werden. Zudem zerfallen Ballonteile ähnlich wie anderes Plastik während ihres Abbaus in sehr kleine Teile, durch die wiederum eine Vielzahl kleiner Meeresorganismen gefährdet sein kann.

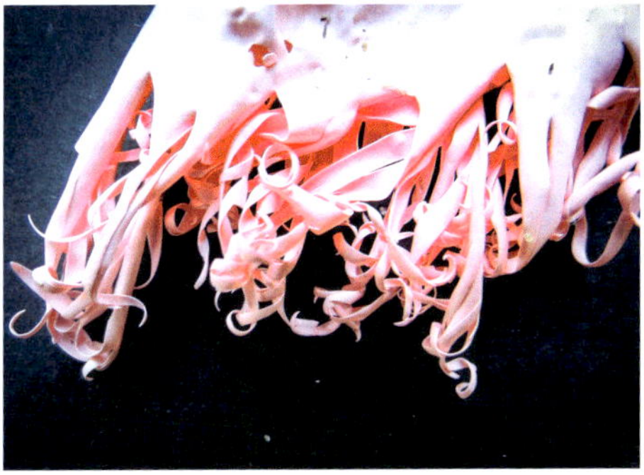

Ringelband

Freizeitaktivitäten, Feiern, Werbung

Nutzungsart: ●○ **Nutzungsdauer:** ●●○○○

Fundhäufigkeit: ●●●●

Beschreibung: Ein sogenanntes Ringelband wird an Luftballons befestigt, um sie festzuhalten, mehrere Ballons zusammenzufassen oder um Absenderkarten am Ballon zu befestigen. Die glänzenden Ringelbänder finden sich häufig fest verknotet mit Fäden aus Tau- oder Netzmaterial im Spülsaum. Im Wasser können die reflektierenden Ballonbänder von Vögeln mit Beutefischen verwechselt werden. Für viele weitere Arten sind die Kunststoffbänder gefährlich, weil sie sich darin mit tödlichem Ausgang verfangen oder strangulieren können.

Ballonventil

Freizeitaktivitäten, Feiern, Werbung

Nutzungsart: ●○ **Nutzungsdauer:** ●○○○○

Fundhäufigkeit: ●●●●

Beschreibung: Ballonventile ermöglichen das bequeme Aufblasen von Luftballons. Mit der Ballonöffnung verbunden, bewirken sie, dass keine Luft mehr aus dem Ballon entweichen kann. An einem Ende des Ventils ist häufig eine Lasche zur Befestigung eines Ringelbändchens angebracht. Ballonventile finden sich sehr häufig auch ohne Luftballon im Treibsel. Die Ventile sind stabile weiße Kunststoffröhrchen, die lange in der Meeresumwelt überdauern können.

Spielzeug

Freizeitaktivitäten

Nutzungsart: ●● Nutzungsdauer: ●●●◐○
Fundhäufigkeit: ●●●●

Beschreibung: Fußbälle, Autos, Tierfiguren, Hundespielzeug, Figuren aus Sammelaktionen und Überraschungseiern, Sandschaufeln und Förmchen: Das Spektrum der am Strand vergessenen oder verloren gegangenen Spielzeuge ist breit. Häufig finden sich neben kurzlebigen Spielzeugen und Figürchen auch die Plastikschalen von Überraschungseiern.

Wasserspielzeug

Freizeitaktivitäten

Nutzungsart: ●● **Nutzungsdauer: ●●●○○**
Fundhäufigkeit: ●○○○

Beschreibung: Aufblasbare Schwimmtiere gehen häufig im Meer verloren, wenn sie unbeaufsichtigt zurückgelassen und dann von Wind und Meeresströmungen fortgetrieben werden. Die Wasserspielzeuge bestehen meist aus dem Kunststoff PVC und können mit gesundheitsschädlichen Weichmachern belastet sein. Diese Schadstoffe können aus dem Kunststoff in die Meeresumwelt übergehen. Im Jahr 2013 untersuchte die Verbraucherzentrale Nordrhein-Westfalen aufblasbare Wasserspielzeuge aus PVC und fand in jedem zweiten Spielzeug bedenkliche Schadstoffe.

Abfälle von Feuerwerksraketen

Freizeitaktivitäten, Neujahrsfeiern

Nutzungsart: ●○ Nutzungsdauer: ●○○○○ (wenige Sekunden)
Fundhäufigkeit: ●●○○

Beschreibung: Bunte Sicherheitskappen sollen die Zündschnüre von Silvesterraketen vor einem unbeabsichtigten Anzünden schützen. Die Kappe wird entfernt, bevor die Zündschnur angezündet wird, und häufig gleich an Ort und Stelle fortgeworfen. Außerdem sitzen schwarze Plastikkappen auf den Spitzen von Silvesterraketen auf einer Pappröhre. Sie werden abgesprengt, wenn die Rakete am Himmel explodiert und die Ladung, die für Lichteffekte zuständig ist, aus der Pappröhre der Rakete getrieben wird. Große Ansammlungen von Sicherheitskappen lassen sich im neuen Jahr häufig an Strandabschnitten finden, an denen Menschen das neue Jahr begrüßt haben. Sie bestehen aus stabilem, festem Plastik und verbleiben sehr lange in der Meeresumwelt – auch dann noch, wenn die Silvesterparty schon längst vergessen ist.

Angelzubehör

Hobbyfischerei

Nutzungsart: ●● Nutzungsdauer: ●●●●○
Fundhäufigkeit: ●●○○

Beschreibung: Abgerissenes oder verloren gegangenes Angelzubehör wie Köder, Angelschnüre oder Angelhaken birgt viele Gefahren. Köder bestehen häufig aus langlebigem Hartplastik und verbleiben daher sehr lange Zeit in der Meeresumwelt. Angelhaken bergen eine große Verletzungsgefahr für Meerestiere. Die Angelschnüre aus Nylon sind ebenfalls extrem langlebig; ihre geschätzte Zerfallszeit beträgt ganze 600 Jahre. In den Nylonschnüren können sich Tiere verfangen oder strangulieren.

Knicklicht

Freizeitaktivitäten, Angeln

Nutzungsart: ●○ Nutzungsdauer: ●●○○○
Fundhäufigkeit: ●●○○

Beschreibung: Knicklichter werden als Beleuchtung bei Outdoor-Aktivitäten, bei Nachtwanderungen, beim Camping und zum Angeln verwendet. Angler befestigen sie oft an der Angelrute und nutzen sie als Bissanzeiger beim Nachtangeln. Knicklichter sind Leuchtstäbe, deren Leuchtwirkung durch die Verbindung von zwei flüssigen Chemikalien entsteht („Chemolumineszenz"). Ein Knicklicht besteht aus einer äußeren Plastikhülle und einer inneren Kammer aus Glas. Wird beim Biegen des Stabes die Glashülle zerbrochen, reagieren die chemischen Flüssigkeiten miteinander, und der Stab beginnt zu leuchten. Knicklichter gibt es in unterschiedlichen Größen, Formen und Farben. Ein mittelgroßes Knicklicht mit einer Größe von 15 Zentimetern leuchtet etwa 12 Stunden lang mit abnehmender Stärke. Hersteller von Knicklichtern betonen, dass die Flüssigkeit nicht giftig ist, warnen jedoch eindringlich davor, das Knicklicht zu öffnen. Der Kontakt mit der Flüssigkeit führt zu Hautreizungen.

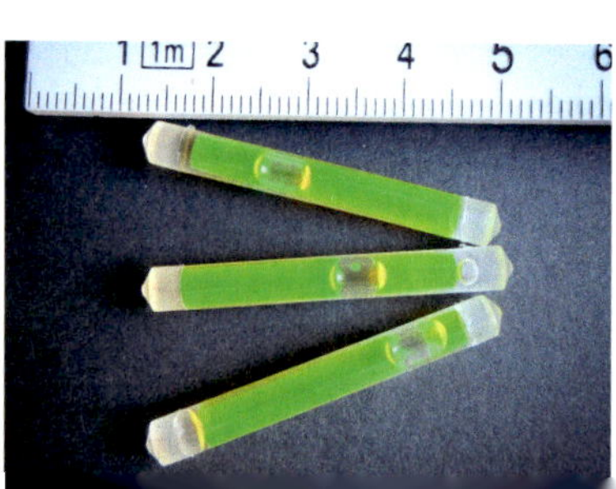

Mini-Knicklichter werden als Bissanzeiger beim Angeln verwendet.

Plastiktüte Sport- und Freizeitschifffahrt, gewerbliche Schifffahrt, Freizeitaktivitäten am Strand, strandnaher Einzelhandel

Nutzungsart: ●○ **Nutzungsdauer:** ●●○○○

Fundhäufigkeit: ●●●○

Beschreibung: Plastiktüten werden in vielen Geschäften immer noch kostenlos und häufig auch ungefragt an Kunden ausgehändigt. Im Lebensmittelhandel werden Tragetaschen aus Plastik in der Regel gegen eine geringe Gebühr verkauft. Kleine Plastiktüten (etwa zum Abwiegen von Obst) sind aber ebenfalls kostenlos. Die meisten Plastiktüten werden nur ein einziges Mal verwendet. Wenn sie in die Natur geworfen oder am Strand mit dem Wind verweht werden, gefährden sie die Meeresumwelt.

Bei der Erfassung von Strandmüllfunden wird häufig zwischen kostenlosen kleinen Plastiktüten und den größeren Einkaufstüten unterschieden. Für die deutschen Inseln Fehmarn und Rügen hat eine Aufschlüsselung dieser Daten laut Umweltbundesamt ergeben, dass deutlich mehr kleine Plastiktüten im Strandmüll gefunden werden als größere. Fetzen von Plastiktüten können von Meerestieren mit Nahrung verwechselt werden und die inneren Organe blockieren. Meeresschildkröten sind beispielsweise besonders gefährdet, weil sie treibende Tüten mit Quallen verwechseln, die zu ihrer bevorzugten Nahrung gehören.

Geschätzte Zerfallszeit: 10 bis 20 Jahre

Getränkeflasche

Freizeitaktivitäten, Schifffahrt, Eintrag über Flüsse

Nutzungsart: ●○ **Nutzungsdauer:** ●●○○○

Fundhäufigkeit: ●●●●

Beschreibung: Getränkeflaschen aus PET haben eine deutlich höhere Verbreitung als die früher üblichen Glasflaschen. Mineralwasser und Erfrischungsgetränke werden zunehmend in Einwegflaschen abgefüllt. Die PET-Flaschen sind leicht und bequem. Das geringe Gewicht und ihre millionenfache selbstverständliche Verwendung machen sie zu einem sehr ernsten und mittlerweile unübersehbaren Problem für die Umwelt. Leere Flaschen machen sich am Strand selbständig, werden über Bord geworfen oder in Flüsse geweht und landen in enormen Mengen im Meer. Im Herbst 2013 lagen nach einem Sturm am Süderdeich der Hallig Hooge auf einer Strecke von nur 850 Metern ganze 45 PET-Flaschen im Spülsaum – ein großer Müllsack, randvoll gefüllt. Der Gebrauch von PET-Flaschen ist vollkommen alltäglich geworden, obwohl es sich um einen Gegenstand mit extremen Haltbarkeitswerten handelt: Eine Plastikflasche benötigt geschätzte 450 Jahre, um in Mikropartikel zu zerfallen. Das ist angesichts der Menge an Flaschen, die täglich verwendet und trotz Pfanderstattung weggeworfen werden, ein erschreckender Wert. Er macht jedoch einleuchtend klar, warum heutzutage ein Strandspaziergang ohne PET-Flaschenfund bereits absoluten Seltenheitswert hat.

Geschätzte Zerfallszeit: 450 Jahre

Getränkeflaschendeckel

Freizeitaktivitäten, Schifffahrt, Eintrag über Flüsse

Nutzungsart: ●○ **Nutzungsdauer:** ●●○○○

Fundhäufigkeit: ●●●●

Beschreibung: Die bunten Deckel von Plastikgetränkeflaschen sind extrem häufige Strandmüllfunde. Nach Stürmen ist die Schicht der angespülten Pflanzenteile regelmäßig von vielen bunten Deckeln durchwirkt. Plastikdeckel bestehen nicht aus demselben Material wie die eigentliche PET-Getränkeflasche. Sie sind aus Polyethylen oder Polypropylen und schwimmen aufgrund der geringen Dichte des Materials im Wasser obenauf. Im Verwertungsprozess kann aus einer Flasche neues Material recycelt werden, die Deckel werden aber in der Regel zusammen mit den Etikettenfolien aussortiert und verbrannt.

Etikettenfolie

Freizeitaktivitäten, Schifffahrt, Eintrag über Flüsse

Nutzungsart: ●○ **Nutzungsdauer:** ●●○○○
Fundhäufigkeit: ●●●○

Beschreibung: Viele Kunststoffverpackungen sind zusätzlich mit Etikettenfolien ummantelt. Die Kunststoffetiketten werden beispielsweise als Rundumetiketten auf Getränkeflaschen aufgeklebt, oder es werden Schrumpffolien um die Verpackung gelegt und durch Wärme an die Form des Behälters angepasst. Kunststoffetiketten ersetzen in der Produktgestaltung zunehmend Etiketten aus bedrucktem Papier. Für die Hersteller bietet die Etikettierung auf Kunststoff flexible und preisgünstige Möglichkeiten für die Produktdekoration und die Platzierung der vom Gesetzgeber geforderten Angaben.

Kunststoffetiketten lösen sich leicht von der eigentlichen Produktverpackung – insbesondere wenn sie nicht flächig aufgeklebt sind. Vor allem die Rundumetiketten von Getränkeflaschen finden sich am Strand häufig isoliert von ihrem ursprünglichen Träger.

Behälter aus Polystyrol-Schaumstoff

Imbisse, Feiern und Events

Nutzungsart: ●○ **Nutzungsdauer:** ●○○○○
Fundhäufigkeit: ●●○○

Beschreibung: Nahrungsmittelbehälter aus Polystyrol-Schaumstoff werden wegen der wärmeisolierenden Wirkung des Materials häufig als Menüschalen für Speisen zum Mitnehmen verwendet. Polystyrolschaum ist sehr schwierig zu recyceln: Er benötigt ausgesprochen lange, bis er sich vollständig auflöst, zerfällt aber im Meer relativ schnell in kleine Teilchen, die von Tieren aufgenommen werden können. Die große Umweltbelastung durch Wegwerfartikel aus Polystyrolschaum hat die Stadt New York 2015 zum Anlass genommen, Einmalbehälter aus diesem Material zu verbieten.

Geschätzte Zerfallszeit: 50 Jahre

Andere Behälter für Nahrungsmittel

Schifffahrt, Freizeitaktivitäten, Gastronomie

Nutzungsart: ●○ **Nutzungsdauer:** ●●◐○○

Fundhäufigkeit: ●●●○

Beschreibung: Schalen zur Aufbewahrung von Salaten, Speiseeis, Fleisch- oder Wurstwaren sind besonders häufige Funde an der Küste. Oft handelt es sich um Großpackungen aus der Gastronomie. Vielen Schalen lässt sich nicht mehr ansehen, welche Nahrungsmittel sie einmal enthalten haben, weil die Etiketten im Meereswasser längst abgewaschen sind. Da es sich meist um robuste Behälter handelt, ist anzunehmen, dass sie lange in der Natur verbleiben.

Getränkekarton

Freizeitaktivitäten, Schifffahrt, Eintrag über Flüsse

Nutzungsart: ●○ **Nutzungsdauer:** ●●○○○

Fundhäufigkeit: ●●●○

Beschreibung: Getränkekartons bestehen aus Verbundwerkstoffen. Der eigentliche Karton ist mit einer Kunststoffschicht überzogen und an der Innenseite ebenfalls mit einer Kunststoffschicht und gegebenenfalls einer Lage Aluminium beschichtet. Am Strand finden sich häufig Kartons für Kaffeesahne und Milch, aber auch für alle Arten von Säften.

Lebensmittelverpackung

Schifffahrt, Freizeitaktivitäten am Strand, Gastronomie

Nutzungsart: ●○ **Nutzungsdauer:** ●●◐○○

Fundhäufigkeit: ●●●○

Beschreibung: Kunststoffverpackungen für Lebensmittel sind aus unseren Supermärkten nicht mehr wegzudenken. Entsprechend breit und international ist das Sortiment, das auch im Strandmüll zu finden ist: Es reicht von der Ketchup-Flasche über Verpackungen für Salate in unterschiedlichsten Größen (von der Einzelportion bis zur Gastronomie-Großpackung) bis hin zur Wursthülle aus Kunststoff, die eine Streichwurst ummantelt.

Sixpack-Ring

Schifffahrt, Freizeitaktivitäten am Strand

Nutzungsart: ●○ **Nutzungsdauer:** ●●○○○
Fundhäufigkeit: ●●○○

Beschreibung: Sixpack-Ringe dienen zur Zusammenfassung von Getränkedosen in Mehrfachgebinden. Die Ringe bestehen in der Regel aus einer halbtransparenten festen Folie. Sie stellen eine erhebliche Gefahr für Meerestiere dar, die sich mit dem Kopf in den Ringen verfangen und sich wegen der Stabilität des Kunststoffs kaum selbst daraus befreien können. Festsitzende Sixpack-Ringe können bei den Tieren erhebliche Abschnürungen verursachen und zum Tod führen.

Geschätzte Zerfallszeit: 400 Jahre

Obstnetz

Schifffahrt, Freizeitaktivitäten am Strand, Gastronomie

Nutzungsart: ●○ **Nutzungsdauer:** ●●○○○
Fundhäufigkeit: ●●○○

Beschreibung: Die halbelastischen, schlauchförmigen Netze aus Polyethylenschaum werden verwendet, um druckempfindliches Obst insbesondere bei langen Transporten zu schützen (zum Beispiel Obstsorten wie Papaya oder asiatische Nashi-Birnen). Verloren gegangene Netze können eine Gefahr für Tiere darstellen, die sich in ihnen verfangen.

Süßwarenverpackung

Freizeitaktivitäten am Strand, Passagierschifffahrt

Nutzungsart: ●○ **Nutzungsdauer:** ●●○○○

Fundhäufigkeit: ●●●○

Beschreibung: Süßwarentüten dienen der portionsweisen Umhüllung aller Arten von Süß- und Snackwaren. Häufig bestehen die glänzenden Tüten und knisternden Folien aus Mischkunststoffen verschiedener Plastiksorten, die das Recycling sehr schwierig machen. Süßwarentüten finden sich besonders häufig an Stränden mit viel Publikumsverkehr. Wenn sie bereits länger im Meer unterwegs sind, haben sich bedruckte Schichten oft bereits abgelöst – zurück bleibt eine transparente Tüte, die auf den ersten Blick schnell übersehen wird.

Süßwaren-Lippenstift („Candy Lipstick")

Passagierschifffahrt, Freizeitaktivitäten an der Küste

Nutzungsart: ●○ **Nutzungsdauer:** ●○○○○
Fundhäufigkeit: ●●●○

Beschreibung: Süßwaren-Lippenstifte (oft englisch „Candy Lipstick" genannt) sind komprimierte Zuckerwaren für Kinder. Die Lutschbonbons werden als kleiner Lippenstift mit einem weißen Plastikröhrchen als Griff und einer bunten Plastikkappe angeboten. Sie sind in Supermärkten oft als sogenannte Quengelware im Kassenbereich platziert oder werden auf Fähren und Ausflugsschiffen als Kioskware verkauft.

Eisbecher

Freizeitaktivitäten, Passagierschifffahrt, Gastronomie

Nutzungsart: ●○ **Nutzungsdauer:** ●●○○○

Fundhäufigkeit: ●●●○

Beschreibung: Eiscreme zum Mitnehmen wird von Eiscafés vielfach in Plastikbehältern angeboten. Daneben finden sich am Strand zahllose Schalen oder Becher für Einzelportionen von Speiseeis aus dem Tiefkühlregal. Eisbecher sind in der Regel stabile Gefäße mit voraussichtlich sehr langer Verweildauer in der Natur.

Die bunten Kunststofftüten, die wie Waffelhörnchen gestaltet sind, dienen dagegen oft als Sandspielzeug für Kinder. Mit einem entsprechenden Portionierer können spielerisch Sandkugeln in die Plastikhörnchen gefüllt werden.

Joghurtbecher Freizeitaktivitäten, Sport- und Freizeitschifffahrt, gewerbliche Schifffahrt

Nutzungsart: ●○ **Nutzungsdauer:** ●●○○○
Fundhäufigkeit: ●●●●

Beschreibung: Joghurtbecher aus Kunststoff können an der Küste in verschiedenen Größen und mit Aufdrucken in vielen Sprachen gefunden werden. Die Becher bestehen meist aus Polyethylen oder Polystyrol und sind sehr haltbar.

Getränkebecher

Freizeitaktivitäten, Passagierschifffahrt

Nutzungsart: ●○ **Nutzungsdauer:** ●●○○○

Fundhäufigkeit: ●●●●

Beschreibung: Einmalbecher aus braunem und weißem Plastik werden häufig an Getränkeautomaten und -spendern eingesetzt. Plastikbecher werden auch gern bei Ausflügen und zum Picknick mitgenommen. Häufig lassen sich am Strand transparente oder klare Getränkebecher finden, die auf Festivals, anderen Events oder Fähren zum Ausschank von Erfrischungsgetränken verwendet werden. Sie bestehen meist aus Polystyrol oder Polyethylen. Thermobecher aus geschäumtem Polystyrol werden in der Winterzeit gerne als Glühwein- oder Punschbecher verwendet. Ihre Zerfallszeit wird auf mindestens 50 Jahre geschätzt.

Kaffeebecher Freizeitaktivitäten, Passagierschifffahrt, Systemgastronomie, Eintrag über Flüsse

Nutzungsart: ●○ **Nutzungsdauer:** ●○○○○

Fundhäufigkeit: ●●●●

Beschreibung: Sogenannte „Coffee to go"-Becher werden zunehmend zu einem Umweltproblem, das an der Küste nicht mehr zu übersehen ist. Tankstellen, Bäckereien, Fast-Food-Ketten und diverse andere Anbieter füllen Kaffee zum Mitnehmen in Wegwerfbecher, die meist mit einem Plastikdeckel ausgestattet sind. Die Becher wehen fort, werden liegen gelassen und häufig aus dem Autofenster geworfen. Dann landen sie in Bächen und Flüssen und finden so ihren Weg ins Meer. Problematisch ist dabei nicht nur der Kunststoffdeckel, der meist aus Polystyrol besteht. Viele „Coffee to go"-Becher, die von außen wie Pappbecher wirken, sind an der Innenwand mit Polyethylen beschichtet.

Trinkhalm Freizeitaktivitäten, Passagierschifffahrt, Systemgastronomie, Strandbars

Nutzungsart: ●○ **Nutzungsdauer:** ●○○○○
Fundhäufigkeit: ●●●○

Beschreibung: Trinkhalme sind Wegwerfartikel, die aus verschiedenen Kunststoffen angeboten werden, meist aus Polyethylen, Polypropylen oder Polystyrol. Sie werden in großer Zahl dort verteilt, wo Kaltgetränke zum Mitnehmen verkauft werden, unter anderem bei Fast-Food-Ketten.

Einweggeschirr

Freizeitaktivitäten, Events, Imbissgeschäfte, Schiffsrestauration

Nutzungsart: ●○ **Nutzungsdauer:** ●○○○○

Fundhäufigkeit: ●●○○

Beschreibung: Einweggeschirr aus Plastik wird häufig in Imbissen ausgegeben – sowohl an Land als auch auf Schiffen. Es kommt ebenfalls auf allen möglichen Feiern oder Events zum Einsatz und wird zu Ausflügen und Picknicks mitgenommen. Am Strand findet sich die komplette Geschirrpalette aus Plastik: Löffel, Teller, Schüsseln, Gabeln. Als Reste von Plastikgabeln sind auch häufig einzelne Plastikzinken im Spülsaum zu sehen.

Putzgerät

Schifffahrt, Strandgastronomie, Landeintrag

Nutzungsart: ●● **Nutzungsdauer:** ●●●●○
Fundhäufigkeit: ●●●○

Beschreibung: Besen, Bürsten, Schwämme und andere Reinigungsmaterialien können bei ungünstigen Wetterbedingungen schnell von einem Schiff gespült werden, wenn sie nicht gesichert sind. Putzgerätschaften aus Kunststoff zeichnen sich in der Regel durch verschleißfeste Materialien und eine hohe Stabilität aus, weswegen sie lange in der Umwelt verbleiben.

Putzmittelflasche Gewerbliche Schifffahrt, Sport- und Freizeitschifffahrt, illegale Entsorgung

Nutzungsart: ●○ **Nutzungsdauer:** ●●●◐○
Fundhäufigkeit: ●●●○

Beschreibung: Vom relativ harmlosen Handspülmittel bis zur halb vollen Flasche mit ätzendem Chlorreiniger: Am Strand findet sich eine breite Palette leerer oder noch teilweise gefüllter Flaschen mit Reinigungsmitteln aus den unterschiedlichsten Herkunftsländern. Solche Funde sind besonders problematisch, da zusätzlich zum stabilen und langlebigen Verpackungsmaterial reizende bis hochgiftige Substanzen in die Meeresumwelt eingetragen werden. Bei derartigen Substanzen ist Vorsicht geboten – das gilt insbesondere für Familien mit kleineren Kindern, die die Flaschen für Spielzeug halten könnten.

WC-Utensilien Gewerbliche Schifffahrt, Sport- und Freizeitschifffahrt, öffentliche Toiletten im Strandbereich

Nutzungsart: ●● **Nutzungsdauer:** ●●●●○
Fundhäufigkeit: ●●○○

Beschreibung: Toilettenbürsten und Toilettenbürstenhalter werden ebenso an den Strand gespült wie eine breite Palette an Halterungen für WC-Duftsteine.

Kosmetikbehälter

Schifffahrt, Freizeitaktivitäten

Nutzungsart: ●○ **Nutzungsdauer:** ●●●○○

Fundhäufigkeit: ●●●●

Beschreibung: Fast die komplette Bandbreite der Kosmetikartikel wird heute in Kunststoffbehältern angeboten. So vielfältig wie das Angebot im Drogeriemarktregal ist auch die Reihe der Strandfunde: Sie reicht von Shampooflaschen über Lippenpflegestifte und Deoroller bis hin zu Zahnpastatuben. Die Behälter sind in der Regel stabil und verbleiben für viele Jahre in der Umwelt.

Wattestäbchen

Freizeitaktivitäten, Schifffahrt

Nutzungsart: ●○ **Nutzungsdauer:** ●○○○○ **(wenige Sekunden)**
Fundhäufigkeit: ●●●○

Beschreibung: Wattestäbchen im Strandmüll erkennt man sehr gut an den vier bis fünf kleinen Einkerbungen an jeder Seite eines Kunststoffstäbchens. An diesen Kerben soll die Watte gehalten werden. Die Stäbchen bestehen meist aus Polyethylen oder Polypropylen und sind blau, weiß oder rosafarben. Als Alternative zu den Plastikstäbchen werden in großen Drogeriemarktketten inzwischen auch Wattestäbchen mit einem Schaft aus Papier angeboten.

Haushaltsgegenstände

Schifffahrt, Camping, Freizeitaktivitäten

Nutzungsart: ●● Nutzungsdauer: ●●●●○
Fundhäufigkeit: ●●○○

Beschreibung: Haushaltsgegenstände wie Abwaschschüsseln, Aufbewahrungsbehälter aller Art, Siebe und Salatschleudern oder Wäscheleinen und -klammern können beim Camping verloren gehen, auf einem Schiff von Bord gespült oder illegal entsorgt werden.

Feuerzeug

Freizeitaktivitäten, Schifffahrt, Camping

Nutzungsart: ●○ **Nutzungsdauer:** ●●●●○
Fundhäufigkeit: ●●●○

Beschreibung: Gasfeuerzeuge sind preiswerte Wegwerfartikel, die sich sehr häufig und in allen Farben an der Küste finden lassen.
Auf den pazifischen Midwayinseln wurden die Kadaver junger Albatrosse gefunden, die Feuerzeuge im Magen hatten. Wahrscheinlich hatten die Altvögel die Feuerzeuge mit Nahrung verwechselt und die Jungvögel damit gefüttert.

Schreibgerät

Freizeitaktivitäten, Camping, Schifffahrt

Nutzungsart: ●● **Nutzungsdauer: ●●●●○**

Fundhäufigkeit: ●○○○

Beschreibung: Kugelschreiber, Filzstifte, Whiteboard- oder Textmarker: Im Strandmüll findet sich eine breite Palette von Schreibgeräten – ganz überwiegend mit stabilen und langlebigen Hülsen und Kappen aus Hartplastik.

Hundekotbeutel

Freizeitaktivitäten

Nutzungsart: ●○ **Nutzungsdauer:** ●○○○○

Fundhäufigkeit: ●●●●

Beschreibung: Hundekotbeutel werden von vielen Gemeinden in Beutelspendern zur Verfügung gestellt, damit Hundebesitzer die Hinterlassenschaften ihrer Tiere aufheben und entsorgen können. Viele Hundebesitzer nehmen die Beutel mit auf ihre Spaziergänge. Wenn kein Abfalleimer in unmittelbarer Nähe steht, werden die Beutel häufig mit dem Hundekot in die Natur geworfen. Das ist insbesondere an Strandabschnitten der Fall, an denen die Mülleimer im Winter wegen Überflutungsgefahr abgebaut werden. Hier kann man ab dem Herbst beobachten, dass sich rund um den ehemaligen Standort eines Mülleimers Ansammlungen mit Hundekotbeuteln finden. Die Beutel bestehen aus Polyethylen- oder Polypropylenfolie, sie sind meistens schwarz, aber auch in Blau, Weiß und Rot zu finden.

Möbel Gewerbliche Schifffahrt, Sport- und Freizeitschifffahrt, illegale Entsorgung

Nutzungsart: ●● **Nutzungsdauer:** ●●●●●
Fundhäufigkeit: ●○○○

Beschreibung: Nach Stürmen werden gelegentlich auch Einrichtungsgegenstände an die Küsten gespült. Dann finden sich Schaumstoffmatratzen auf Lahnungen (Uferschutzanlagen) und im Vorland, Plastikstühle am Deich und komplette Türen am Strand. Insbesondere die stapelbaren Monobloc-Stühle sind im Außenbereich auf Schiffen oder vor Cafés weit verbreitet. Von einem kräftigen Windstoß werden sie schnell von einem Boot oder Steg ins Wasser geweht.

Bekleidung Freizeitaktivitäten, gewerbliche Schifffahrt, Sport- und Freizeitschifffahrt

Nutzungsart: ●● **Nutzungsdauer: ●●●●◐**
Fundhäufigkeit: ●●○○

Beschreibung: Liegen gebliebene Textilien am Strand sind oft Schirmmützen zum Sonnenschutz, Badetextilien, Unterhosen und T-Shirts. Im Meer sind besonders Textilien aus Kunstfasern problematisch: Ein Baumwollhemd zersetzt sich in zwei bis fünf Monaten vollständig, doch synthetische Fasern wie Polyamide sind beständiger und zerfallen in Mikropartikel aus Kunststoff, die lange in der Umwelt verbleiben.

Schuh

Festland, Strandaktivitäten, Schifffahrt

Nutzungsart: ●● **Nutzungsdauer: ●●●●●**

Fundhäufigkeit: ●●●●

Beschreibung: Schuhe bestehen heute zu großen Teilen aus Kunststoffen. Obermaterialien sind oft synthetische Gewebe oder Kunstleder, viele Sohlen sind aus Gummi, Polyurethan oder PVC gefertigt. Strandschuhe wie Flipflops bestehen oft aus PVC, das sehr viele schädliche Weichmacher enthält, die bei Zerfall des Materials in die Umwelt entlassen werden.

o.: Fabrikneuer Schuh aus einer im Sturm verloren gegangenen Containerfracht im Winter 2011

Schuhflut

Gelegentlich geht auch eine komplette Schiffsladung fabrikneuer Markenschuhe über Bord und verursacht eine regelrechte „Schuhschwemme" an den Küsten. Im Dezember 2011 verlor ein Frachter im Orkan „Friedhelm" Container mit Schuhen der Marke Tommy Hilfiger in der Nordsee. Die Schuhe trieben auf den Inseln Helgoland und Sylt in großer Zahl an und fanden sich später auch auf den nordfriesischen Halligen und an der Festlandsküste. Noch mehrere Jahre später spülen größere Stürme Hilfiger-Schuhe an die Nordseeküsten. Sie sehen nun zwar schon ziemlich mitgenommen aus, lassen sich anhand der unbenutzten Sohle aus Kunststoff mit dem markanten Firmenlogo aber immer noch gut als Ware aus der verlorenen Containerfracht identifizieren.

Eine Turnschuhschwemme gab es auch zu Beginn des Jahres 2015 auf den Ostfriesischen Inseln: Nagelneue Schuhe der Marke Nike trieben dort in großen Mengen an. Auch auf der nordfriesischen Halbinsel Eiderstedt wurden Exemplare gefunden.

Fabrikneuer Nike-Turnschuh am Strand von Sankt Peter-Ording

Einige Strandmüllsammler betrachten ihre Schuhfunde mit statistischem Interesse: Sie zählen Männer-, Frauen- und Kinderschuhe getrennt und analysieren aufmerksam die zahlenmäßige Verteilung der linken und rechten Schuhe. Zu dem Zahlenverhältnis gibt es auf der niederländischen Insel Texel eine humorvolle These: In einer Pressemeldung zum Tag der niederländischen Strandgutsammler erklärt Jan Uitgeest vom Strandgutmuseum: „Wenn bei uns ein Schuh angespült wird, ist es immer der linke. Das kommt durch die gebogene Form: Die Schuhe schwimmen mit der Spitze nach oben und folgen so der Strömung Richtung Texel. Die rechten Schuhe landen hingegen in England, Schottland und Irland."

Hilfiger-Schuhe aus dem verlorenen Container; links 2011, rechts im Winter 2014.

Medizinartikel Gewerbliche Schifffahrt, Sport- und Freizeitschifffahrt, Freizeitaktivitäten

Nutzungsart: ◐◐ **Nutzungsdauer:** ●●●○○

Fundhäufigkeit: ●●○○

Beschreibung: Von Flaschen mit Augenspülflüssigkeit und Blisterverpackungen mit Tabletten über Arzneimittelflaschen bis hin zu Inhalationshilfen für Asthmasprays gelangen verschiedenste Medizinartikel in die marine Umwelt. Beim Umgang mit Müll aus dem medizinischen Bereich ist besonders Kindern zu einem vorsichtigen Umgang zu raten: Auch Behältnisse, die schon lange im Meer treiben, können noch wirkstoffhaltige Mischungen enthalten.

Spritze Freizeitaktivitäten, gewerbliche Schifffahrt, Sport- und Freizeitschifffahrt

Nutzungsart: ●○ **Nutzungsdauer:** ●○○○○
Fundhäufigkeit: ●○○○

Beschreibung: Einmalspritzen – manchmal sogar noch mit aufgesetzter Injektionsnadel – sind besonders gefährliche Strandfunde. Sie können in den unterschiedlichsten Situationen verloren gegangen sein: als Hinterlassenschaften von Cortison-Injektionen nach Insektenstichen oder Insulinspritzen für Diabetiker, nach Notfalleinsätzen oder als entsorgte Spritze nach Drogenkonsum. Spritzen sollte man deshalb mit äußerster Vorsicht behandeln und besonders darauf achten, sich nicht an einer eventuell verbliebenen Injektionsnadel zu verletzen.

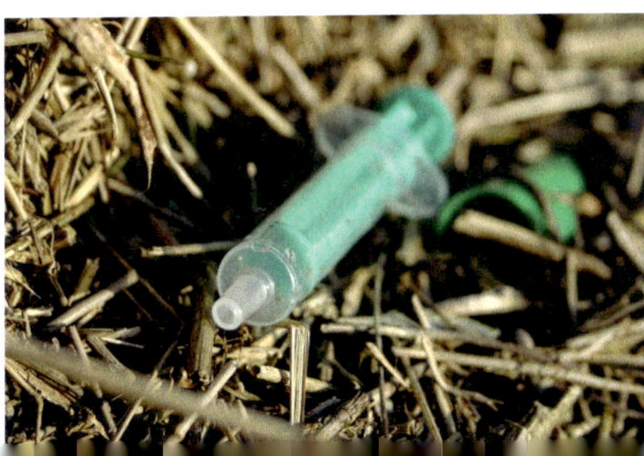

Deckel und Verschlüsse Gastronomie, gewerbliche Schifffahrt, Sport- und Freizeitschifffahrt, Freizeitaktivitäten

Nutzungsart: ●○ **Nutzungsdauer:** ●●○○○
Fundhäufigkeit: ●●●●

Beschreibung: Eine Vielzahl verschiedener Behälter wird mit Deckeln und Verschlüssen aus Kunststoff verschlossen – Kunststoffflaschen, Glasflaschen, Tetrapaks oder Kanister. Am Strand finden sich Deckel mit Gewinde als Schraubverschluss, Deckel als Frischesiegel und Deckel mit einer Lasche. Kunststoffdeckel liegen nach Stürmen oft in großer Zahl im Spülsaum. Sie bestehen aus Polyethylen oder Polypropylen und schwimmen aufgrund ihrer geringen Materialdichte meist direkt an der Wasseroberfläche. Auf der Hallig Hooge wurden nach einem Wintersturm im Jahr 2014 auf einer Gehstrecke von nur 150 Schritten unvorstellbare 226 Deckel gesammelt.

Zigarettenkippe

Achtlose Entsorgung am Strand und auf See, Eintrag über Flüsse

Nutzungsart: ●○ **Nutzungsdauer:** ●○○○○

Fundhäufigkeit: ●●●●

Beschreibung: Zigarettenfilter bestehen aus dem Kunststoff Celluloseacetat und verrotten nur sehr langsam. Besonders problematisch sind die Giftstoffe, die während der Zersetzung aus dem abgerauchten Zigarettenstummel austreten. Die Filter bestehen aus sehr feinen Kunststofffasern, in denen sich Giftstoffe, die während des Zigarettenrauchens durch Verbrennung des Tabaks freigesetzt werden, konzentrieren – zum Beispiel Teer, Nikotin und Schwermetalle. Ein Zigarettenfilter wirkt unscheinbar und wird leicht übersehen. Tatsächlich machen die Zigarettenstummel aber einen hohen Anteil am Meeresmüll aus und werden bei Strandreinigungen regelmäßig mit sehr hohen Fundzahlen erfasst. Sie gehören zu den häufigsten Strandmüllfunden. In Laborversuchen zur toxischen Wirkung von Zigarettenkippen verendeten Fische, die man in Wasser gesetzt hatte, das zuvor nur einen Tag lang einen einzigen Zigarettenstummel enthalten hatte.

Geschätzte Zerfallszeit: 5 Jahre

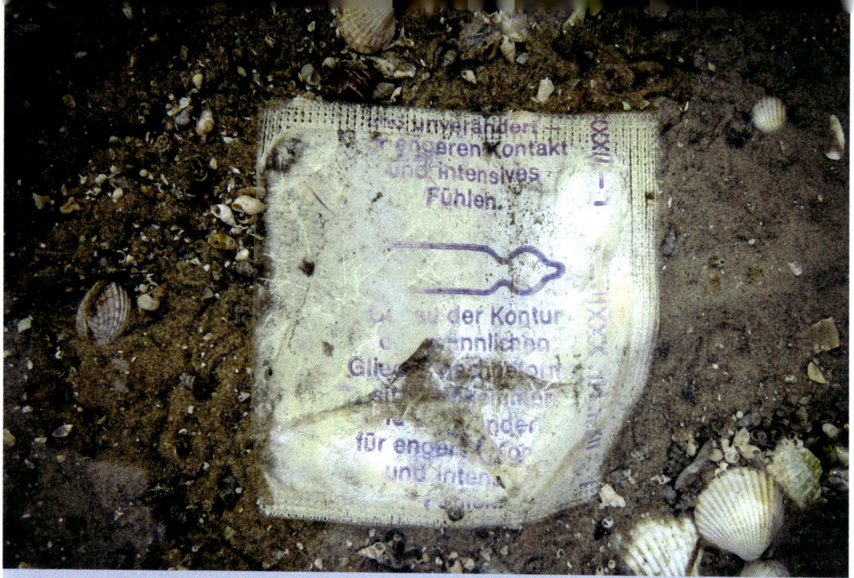

Kondom

Freizeitaktivitäten

Nutzungsart: ●○ **Nutzungsdauer:** ●○○○○
Fundhäufigkeit: ●●○○

Beschreibung: Kondome bestehen meistens aus Latex, für Menschen mit einer Latexallergie werden aber auch Kondome aus Kunststoffen wie Polyethylen oder Polyurethan angeboten. Latex zersetzt sich in der Umwelt. Bei diesem Prozess spielt wie bei allen Latexprodukten allerdings das Sonnenlicht eine entscheidende Rolle, so dass der Abbau in dunklen und kalten Umgebungen sehr lange dauern kann. Weggeworfene Kondome oder Fragmente von ihnen stellen eine große Gefahr für Meerestiere dar: Sie können innere Organe blockieren und zum Tod führen. Kondome aus Kunststoffen sind extrem langlebig und zerfallen in Mikropartikel, die in der Umwelt verbleiben.

ANHANG

Danke!

Ein ganz herzlicher Dank geht an alle Menschen, die mich und dieses Buch mit Gesprächen und Informationen unterstützt haben. Besonderen Dank an Nils Möllmann vom NABU-Projekt „Fishing for Litter“, Holger Spreer von der Hallig Süderoog, Rainer Borcherding von der Schutzstation Wattenmeer, Dr. Lars Gutow vom Alfred-Wegener-Institut für Polar- und Meeresforschung und Dr. Nils Guse vom Forschungs- und Technologiezentrum Westküste für gute Informationen und wichtige Hinweise. Frank Timrott tausend Dank für das Korrekturlesen des Textes, für das Mutmachen und die Geduld bei unzähligen „Müllexpeditionen“ an vielen Stränden.
Vielen Dank an das Team vom Wachholtz Verlag für den Entschluss, dieses Thema anzupacken.

Bestimmungshilfe BeachExplorer

Müllfunde am Strand sind manchmal rätselhaft. Nicht alles, was man im Treibgut findet, erschließt sich auf den ersten Blick. Manchmal hält man auch nur Teile eines Gegenstandes in der Hand, die – aus ihrem ursprünglichen Zusammenhang gerissen – nicht einfach zu erkennen sind. Dieses Buch kann nur eine gewisse Auswahl an Strandfunden vorstellen und beschreiben. Wer aufmerksam am Strand wandert und auf das achtet, was ihm vor die Füße fällt, wird immer wieder neue Rätsel entdecken. Dann ist es gut, wenn man weiß, wo weitere Antworten zu finden sind. Der BeachExplorer von der Schutzstation Wattenmeer – im Internet unter der Adresse beachexplorer.org erreichbar – bietet Bestimmungshilfen für Strandfunde aller Art und nimmt Fundmeldungen entgegen, die zur wissenschaftlichen Erforschung weitergeleitet werden. Und das nicht nur für Müllfunde – denn glücklicherweise findet man an unseren Küsten auch viele schöne Dinge, an denen man sich erfreuen kann.

Bildnachweise

Die Bildrechte liegen bei der Autorin. Einzige Ausnahme: S. 30 unten © Holger Spreer.

Literatur

VisPluisVrij – The use of dolly rope by fishermen. Online verfügbar unter: http://www.dollyropefree.com/the_use_of_dolly_rope_by_fishermen.

5 Gyres Institute (2013): Microplastics in consumer products and in the marine environment. Position Paper 2013. Online verfügbar unter: http://5gyres.org/media/5_Gyres_Position_Paper_on_Microplastics.pdf.

Albrechtsen, Kathrine (2014): Plastik overalt: Problemet svømmer rundt i vores baghave – Villabyerne. Online verfügbar unter: http://gentofte.lokalavisen.dk/plastik-overalt-problemet-svoemmer-rundt-i-vores-baghave-/20141118/artikler/711189224/1048.

Andrady, Anthony L. (2000): Plastics and Their Impacts in the Marine Environment. In: ANDRADY, A.L., Proceedings of the International Marine Debris Conference on Derelict Fishing Gear and the Ocean Environment 6aug00. Online verfügbar unter: http://www.mindfully.org/Plastic/Ocean/Plastics-Impacts-Marine-Andrady6aug00.htm.

Andrady, Anthony L. (1989): Environmental degradation of plastics under land and marine exposure conditions. In: Proceedings of the Second International Conference on Marine Debris, S. 2–7.

Beyer, W.: Biologische Abbaubarkeit von Luftballons. Online verfügbar unter: http://www.ballonzauber.de/pdf/BiologischeAbbaubarkeitLatex.pdf.

Browne, Mark Anthony et al. (2013): Microplastic moves pollutants and additives to worms, reducing functions linked to health and biodiversity. In: Current Biology: CB 23 (23), S. 2388–2392.

Buck, Bela Hieronymus (2007): Farming in a High Energy Environment: Potentials and Constraints of Sustainable Offshore Aquaculture in the German Bight (North Sea). Chancen und Limitierungen extensiver Offshore-Aquakultur in der Deutschen Bucht. In: Berichte zur Polar- und Meeresforschung (Reports on Polar and Marine Research).

Bund für Umwelt und Naturschutz Deutschland (BUND) (2015): BUND-Einkaufsratgeber: Mikroplastik – die unsichtbare Gefahr. Online verfügbar unter: http://www.bund.net/fileadmin/bundnet/pdfs/meere/131119_bund_meeresschutz_mikroplastik_produktliste.pdf.

Bund für Umwelt und Naturschutz Deutschland (BUND) (2014): Schattenliste der Umweltverbände zur Meeresschutzpolitik. Online verfügbar unter: http://www.bund.net/fileadmin/bundnet/pdfs/meere/141010_bund_meeresschutz_schattenliste_umweltverbaende.pdf.

Bundesinstitut für Risikobewertung: BfR bewertet Untersuchungen zu hormonähnlichen Wirkungen von in natürlichen Mineralwässern vorkommenden Substanzen. Stellungnahme Nr. 007/2011 des BfR vom 2. Februar 2011. Online verfügbar unter: http://www.bfr.bund.de/cm/343/bfr_bewertet_untersuchungen_zu_hormonaehnlichen_wirkungen_von_in_natuerlichen_mineralwaessern_vorkommenden_substanzen.pdf.

Bundesinstitut für Risikobewertung (2015): Ausgewählte Fragen und Antworten zu PET-Flaschen. FAQ des BfR vom 10. Februar 2015. Online verfügbar unter: http://www.bfr.bund.de/cm/343/ausgewaehlte-fragen-und-antworten-zu-pet-flaschen.pdf.

Bundesinstitut für Risikobewertung (2009): Hormonell wirkende Substanzen in Mineralwasser aus PET-Flaschen. Information Nr. 006/2009 des BfR vom 18. März 2009 zu einer Studie der Universität Frankfurt am Main. Online verfügbar unter: http://www.bfr.bund.de/cm/343/hormonell_wirkende_substanzen_in_mineralwasser_aus_pet_flaschen.pdf.

Bundesinstitut für Risikobewertung (2005): Übergang von Weichmachern aus Schraubdeckel-Dichtmassen in Lebensmittel. Stellungnahme Nr. 010/2005 des BfR vom 14. Februar 2005. Online verfügbar unter: http://www.bfr.bund.de/cm/343/uebergang_von_weichmachern_aus_schraubdeckel_dichtmassen_in_lebensmittel.pdf.

Corcoran, Patricia L.; Moore, Charles J.; Jazvac, Kelly (2014): An anthropogenic marker horizon in the future rock record. In: GSAT, S. 4–8.

Eriksen, Marcus et al. (2014): Plastic Pollution in the World's Oceans: More than 5 Trillion Plastic Pieces Weighing over 250,000 Tons Afloat at Sea. In: PloS one 9 (12).

European Commission, Joint Research Centre, Institute for Environment and Sustainability; MSFD Technical Subgroup on Marine Litter. (2013): Guidance on monitoring of marine litter in European seas. Luxembourg: Publications Office (EUR, Scientific and technical research series, 26113).

European Commission, Joint Research Centre, Institute for Environment and Sustainability (2011): Marine litter. Technical recommendations for the implementation of MSFD requirements. Luxembourg: Publications Office (EUR Luxembourg, 25009).

European Marine Strategy Framework Directive; Working Group on Good Environmental Status (2013): Monitoring Guidance for Marine Litter in European Seas. Draft Report.

Fischer, Lars (2013): Plastikmüll: Entenmuscheln verfrachten Plastikmüll in die Tiefsee – *Spektrum der Wissenschaft*. Online verfügbar unter: http://www.spektrum.de/news/entenmuscheln-verfrachten-plastikmuell-in-die-tiefsee/1211913.

Galgani, F.; Zampoukas, N. (2010): Marine strategy framework directive. Task Group 10 report marine litter. Luxembourg: Office for Official Publications of the European Communities (Scientific and technical research series).

Hardesty, BD et al. (2014): Understanding the effects of marine debris on wildlife. A Final report to Earthwatch Australia.

Huber, Daniel (2014): Warum die Weltmeere den Bach runtergehen – und wir mit ihnen. Online verfügbar unter: http://www.watson.ch/!261359332.

International Conference on Prevention and Management of Marine Litter in European Seas (2013): Conference Report. Online verfügbar unter: http://www.marine-litter-conference-berlin.info/userfiles/file/Conference%20Report_final%20version.pdf.

International Conference on Prevention and Management of Marine Litter in European Seas (2013): Issue Paper to the „International Conference on Prevention and Management of Marine Litter in European Seas". Online verfügbar unter: http://www.marine-litter-conference-berlin.info/userfiles/file/Issue%20Paper_Final%20Version.pdf.

International Conference on Prevention and Management of Marine Litter in European Seas (2013): Message from Berlin. Conclusions of the chairpersons of the International Conference on Prevention and Management of Marine Litter in European Seas, held in Berlin, Germany, 10–12 April 2013. Online verfügbar unter: http://www.marine-litter-conference-berlin.info/userfiles/file/Message%20from%20Berlin.pdf.

Jacobs, Gina (2009): Cigarette Butts Toxic to Marine Life | NewsCenter | SDSU. San Diego State University. Online verfügbar unter: http://universe.sdsu.edu/sdsu_newscenter/news.aspx?s=71209.

Keep Scotland Beautiful (2013): Balloon & Flying Lantern Litter Statement. Online verfügbar unter: http://www.keepscotlandbeautiful.org/media/58556/balloonlanternstatement2013.pdf.

Klammer, Paul; Blage, Judith (2013): Wenn Plastik tötet. In: Focus 13, S. 110–114.

Krieger, Anja: Plastikmüll im Meer: Zahlen und Größen im Vergleich. Online verfügbar unter: http://anjakrieger.com/2011/09/01/plastikmuell-im-meer-zahlen-groesse-im-vergleich/

Lambert, Scott (2013): Environmental Risk of Polymers and their Degradation Products. Online verfügbar unter: http://etheses.whiterose.ac.uk/4194/1/EnvironPoly.pdf.

Lambert, Scott et al. (2013): Effects of environmental conditions on latex degradation in aquatic systems. In: The Science of the total environment 447, S. 225–234.

Lingenhöhl, Daniel (2014): Plastikmüll auf Eis.– Spektrum der Wissenschaft. Online verfügbar unter: http://www.spektrum.de/news/plastikmuell-auf-eis/1287729.

Lingenhöhl, Daniel (2014): Ein neues Gestein namens Plastiglomerat. – Spektrum der Wissenschaft. Online verfügbar unter: http://www.spektrum.de/news/ein-neues-gestein-namens-plastiglomerat/1295469.

Lingenhöhl, Daniel (2014): Wie viel Plastik schwimmt im Meer? – Spektrum der Wissenschaft. Online verfügbar unter: http://www.spektrum.de/news/wie-viel-plastik-schwimmt-im-meer/1322984.
Lithner, Delilah; Larsson, Ake; Dave, Göran (2011): Environmental and health hazard ranking and assessment of plastic polymers based on chemical composition. In: The Science of the total environment 409 (18), S. 3309–3324.
Mellumrat (2014): Zur Müllbelastung der Nordsee – eine statistische Analyse von Langzeituntersuchungen an Stränden der Deutschen Nordseeküste. In: Natur- und Umweltschutz, Zeitschrift der Naturschutz- und Forschungsgemeinschaft Der Mellumrat e. V. (13).
Migge, Thomas (2010): Aschenbecher Meeresgrund. Online verfügbar unter: http://www.deutschlandfunk.de/aschenbecher-meeresgrund.676.de.html?dram:article_id=27222.
Ministerium für Landwirtschaft, Umwelt und ländliche Räume Schleswig-Holstein (2008): Landesverordnung über die Ausübung der Fischerei in den Küstengewässern. Küstenfischereiverordnung-KüFO. Online verfügbar unter: http://www.schleswig-holstein.de/UmweltLandwirtschaft/DE/LandFischRaum/08_Fischerei/PDF/KueFO_11_2008__blob=publicationFile.pdf.
Moore, Charles: Transcript of „Seas of plastic". Online verfügbar unter: http://www.ted.com/talks/capt_charles_moore_on_the_seas_of_plastic/transcript?language=en#t-130000.
Moore, Charles James (2014): How much plastic is in the ocean? You tell me! In: Marine pollution bulletin.
Murray, Fiona; Cowie, Phillip Rhys (2011): Plastic contamination in the decapod crustacean Nephrops norvegicus (Linnaeus, 1758). In: Marine pollution bulletin 62 (6), S. 1207–1217.
Naturschutzbund Deutschland (NABU) e.V. (2011): Problem Plastik. Regionale Strategien für saubere Meere. Online verfügbar unter: http://imperia.verbandsnetz.nabu.de/imperia/md/content/nabude/meeresschutz/brosch__re_problem_plastik.pdf.
Nédélec, Claude (2000): Fischfanggeräte in der Europäischen Gemeinschaft. Luxemburg: EUR-OP (Dokument / EG).
NWZ Online (2007): Ballons tödliche Falle für Vögel. Online verfügbar unter: http://www.nwzonline.de/friesland/wirtschaft/ballons-toedliche-falle-fuer-voegel_a_5,1,640061125.html.
Ocean Conservancy (2014): Turning the Tide on Trash. 2014 Report. Online verfügbar unter: http://www.oceanconservancy.org/our-work/marine-debris/icc-data-2014.pdf.
OSPAR Commission (2010): Guideline for Monitoring Marine Litter on the Beaches in the OSPAR Maritime Area. Online verfügbar unter: http://www.ospar.org/documents/dbase/decrecs/agreements/10-02e_beachlitter%20guideline_english%20only.pdf.
OSPAR Commission (2010): Photo Guide for Monitoring Marine Litter on the Beaches in the OSPAR area. Online verfügbar unter: http://www.nabu.de/meeresschutz/OsparPhotoguide.pdf.
Pedersen, Henrik Beha: Plastik truer vores havmiljø. JP/Politikens Hus A/S. Online verfügbar unter: http://politiken.dk/debat/ECE2435616/plastik-truer-vores-havmiljoe/.
Podbregar, Nadja (2014): Vermüllte Ozeane – bild der wissenschaft. Online verfügbar unter: http://www.wissenschaft.de/leben-umwelt/umwelt/-/journal_content/56/12054/5225992.
Press Office City Hall New York City (2015): De Blasio Administration Bans Single-Use Styrofoam Products in New York City Beginning July 1, 2015. Online verfügbar unter: http://www1.nyc.gov/office-of-the-mayor/news/016-15/de-blasio-administration-bans-single-use-styrofoam-products-new-york-city-beginning-july-1-2015.
Prou, Jean; Goulletquer, Philippe (2002): The French Mussel Industry: Present Status and Perspectives. In: Bulletin of the Aquaculture Association of Canada, S. 17–23. Online verfügbar unter: http://archimer.ifremer.fr/doc/2002/publication-2802.pdf.
Register, Kathleen M. (2000): Cigarette Butts as Litter – Toxic as Well as Ugly. Online verfügbar unter: http://www.longwood.edu/cleanva/ciglitterarticle.htm.
Rochman, Chelsea M. et al. (2013): Policy: Classify plastic waste as hazardous. In: Nature 494 (7436), S. 169–171.

Schönauer, S.; Grommelt, H. J. (2007): Hormonaktive Substanzen im Wasser. „Zusammenhänge, politische Bewertung, Handlungsstrategie." Ein Beitrag zur 7. Umweltmedizinischen Tagung. Online verfügbar unter: http://www.bund.net/fileadmin/bundnet/publikationen/wasser/20071006_wasser_hormonaktive_substanzen_bewertung.pdf.

Schwarz, Otto; Ebeling, Friedrich-Wolfhard (Hg.) (2005): *Kunststoffkunde. Aufbau, Eigenschaften, Verarbeitung, Anwendungen der Thermoplaste, Duroplaste und Elastomere.* 8., überarb. Aufl. Würzburg: Vogel (Vogel-Fachbuch).

Seltenrich, Nate (2015): New link in the food chain? Marine plastic pollution and seafood safety. In: Environmental health perspectives 123 (2), S. A34–41.

Slaughter, Elli et al. (2011): Toxicity of cigarette butts, and their chemical components, to marine and freshwater fish. In: Tobacco control 20 Suppl 1, S. i25-9.

STAP (2011): Marine Debris as a Global Environmental Problem. Introducing a solutions based framework focused on plastic. Online verfügbar unter: http://www.thegef.org/gef/sites/thegef.org/files/publication/STAP%20MarineDebris%20-%20website.pdf.

Surfers Against Sewage (2014): Marine Litter Report. 2014–2020 Vision. Online verfügbar unter: http://www.sas.org.uk/wp-content/uploads/SAS-Marine-Litter-Report-Med.pdf.

Texel.net (12.05.2012): „Bei uns landen nur die linken Schuhe ...". 12. Mai 2012: Tag der niederländischen Strandgutsammler auf Texel. Online verfügbar unter: www.texel.net/getfile;1521.

Umweltbundesamt: Grafik: Wie lange braucht der Müll im Meer, um abgebaut zu werden? Online verfügbar unter: http://www.umweltbundesamt.de/sites/default/files/medien/419/dokumente/wie_lange_braucht_der_muell_um_abgebaut_zu_werden.pdf.

Umweltbundesamt: Info-Blatt 1. Auswirkungen von Meeresmüll. Online verfügbar unter: http://www.umweltbundesamt.de/sites/default/files/medien/419/dokumente/auswirkungen_von_meeresmuell.pdf.

Umweltbundesamt (2015): Müll im Meer. Online verfügbar unter: http://www.umweltbundesamt.de/themen/wasser/gewaesser/meere/nutzung-belastungen/muell-im-meer.

Umweltbundesamt (2013): Plastiktüten. Online verfügbar unter: http://www.umweltbundesamt.de/sites/default/files/medien/479/publikationen/4453.pdf.

Umweltbundesamt (2013): Wieso sind Lebensmittel und Hausstaub mit Phthalaten belastet? Online verfügbar unter: http://www.umweltbundesamt.de/service/uba-fragen/wieso-sind-lebensmittel-hausstaub-phthalaten.

Umweltbundesamt (2010): Abfälle im Meer. Ein gravierendes ökologisches, ökonomisches und ästhetisches Problem. Online verfügbar unter: http://www.umweltbundesamt.de/sites/default/files/medien/publikation/long/3900.pdf.

UNEP (2009): Abandoned, lost or otherwise discarded fishing gear. Online verfügbar unter: http://www.unep.org/regionalseas/marinelitter/publications/docs/Marine_Litter_Abandoned_Lost_Fishing_Gear.pdf.

UNEP (2009): Marine Litter: A Global Challenge. Online verfügbar unter: http://www.unep.org/regionalseas/marinelitter/publications/docs/Marine_Litter_A_Global_Challenge.pdf.

UNEP (2009): UNEP/IOC Guidelines on Survey and Monitoring of Marine Litter. Online verfügbar unter: http://www.unep.org/regionalseas/marinelitter/publications/docs/Marine_Litter_Survey_and_Monitoring_Guidelines.pdf.

Verbraucherzentrale Hamburg: Marktcheck Cofffeeshops Hamburger Innenstadt. Online verfügbar unter: http://www.vzhh.de/umwelt/357319/coffee-to-go-marktcheck-coffeeshops-hamburger-innenstadt.aspx.

Verbraucherzentrale Nordrhein-Westfalen (2013): Wasserspielzeug: Schädliche Weichmacher gefunden. Online verfügbar unter: https://www.vz-nrw.de/weichmacher.

Woodall, L. C. et al. (2014): The deep sea is a major sink for microplastic debris. In: Royal Society Open Science 1 (4), 140317.

Register

A

Abfälle von Feuerwerksraketen 66
Angelzubehör 67
Arbeitshandschuh 39

B

Ballonfragment 61
Ballonventil 63
Bauschaum 49
Behälter für Nahrungsmittel 74
Behälter aus Polystyrol-Schaumstoff 73
Bekleidung 97
Boje und Fender 37

D

Deckel und Verschlüsse 102

E

Eimer 52
Einweggeschirr 86
Eisbecher 81
Etikettenfolie 72

F

Fasern 56
Feuerzeug 93
Fischernetz 27
Fischkasten 25
Fischkorb 26
Folienfragment 54

G

Gehörschutzstöpsel 41
Geschmolzenes Plastik 58
Getränkebecher 83
Getränkeflasche 70
Getränkeflaschendeckel 71
Getränkekarton 75

H

Haushaltsgegenstände 92
Hummerfalle 30
Hundekotbeutel 95

J

Joghurtbecher 82

K

Kaffeebecher 84
Kanister 43
Kartusche 44
Kiste 42
Knicklicht 68
Kondom 104
Kosmetikbehälter 90

L

Lebensmittelverpackung 76
Luftballon aus Folie 60
Luftballon aus Latex 59

M

Markierungsboje für Stellnetze 32
Medizinartikel 100
Mikroplastik 55
Möbel 96

N

Netzsack („Poche“) 33
Netzschwimmer/Auftriebskörper 31
Netz- und Tauwerkfragment 28

O

Obstnetz 78

P

Pellets 55
Plastikfaden 29
Plastikfolie 53
Plastiktüte 69
Polystyrolschaum 50
Primäres Mikroplastik 55 f.
Putzgerät 87
Putzmittelflasche 88

R

Ringelband 62

S

Sandfangzaun 51
Scheuerfäden („Dolly Ropes") 36
Schreibgerät 94
Schuh 98
Schutzhelm 40
Seenotleuchte 38
Sekundäres Mikroplastik 57
Sicherungsanhänger („safety tag") 47
Sicherheitsplombe 46
Sixpack-Ring 77
Spielzeug 64
Spritze 101
Süßwaren-Lippenstift („Candy Lipstick") 80
Süßwarenverpackung 79

T

„Tahiti-Röckchen" 34
Tauwerk 35
Trassenwarnband 48
Trinkhalm 85

U

Umreifungsband 45

W

Wasserspielzeug 65
Wattestäbchen 91
WC-Utensilien 89

Z

Zigarettenkippe 103
Zusatzstoffe in Kosmetik, Zahnpasta, Reinigungsprodukten 56

Über die Autorin

Jennifer Timrott, Jahrgang 1969, ist Journalistin und lebt auf der nordfriesischen Hallig Hooge und in Friedrichstadt an der Eider. Sie liebt die Natur und die lebendige Landschaft des Wattenmeeres und ist Gründungsmitglied und Vorsitzende des Vereins „Küste gegen Plastik e.V.".

Webseite: http://www.jennifer-timrott.de